非线性分布参数系统建模方法研究

杨海东　徐康康　李涵雄　著

科 学 出 版 社

北 京

内 容 简 介

本书结合作者近年来的研究工作，系统介绍非线性分布参数系统的智能建模方法及其在实际工程领域的应用，重点阐述分布参数系统建模的基础知识及方法。在此基础上，针对工业系统广泛存在的不确定性、强非线性、时变、大尺度特征等问题，提出了基于流形学习的非线性时空模型、基于数据学习机的非线性时空模型、基于有限高斯混合模型的时空多模型、基于改进连续超限学习机的在线时空模型、基于降阶观测器的在线时空模型，最后针对电动汽车锂离子电池的温度场分布问题给出了应用实例。

本书既注重理论方法分析，又结合工程实际需求，可供从事自动控制工作的相关科研人员、工程技术人员，以及高等院校自动化、机械、信息及其他相关专业的教师、研究生和高年级本科生参考。

图书在版编目（CIP）数据

非线性分布参数系统建模方法研究 / 杨海东，徐康康，李涵雄著. —北京：科学出版社，2022.9

ISBN 978-7-03-073170-8

Ⅰ.①非… Ⅱ.①杨… ②徐… ③李… Ⅲ.①非线性-分布参数系统-系统建模-研究 ②非线性-分布参数系统-分布控制-研究 Ⅳ.①O231.4

中国版本图书馆CIP数据核字（2022）第168650号

责任编辑：周　炜　朱英彪　赵微微 / 责任校对：任苗苗
责任印制：吴兆东 / 封面设计：蓝正设计

科 学 出 版 社 出版
北京东黄城根北街 16 号
邮政编码：100717
http://www.sciencep.com

北京中石油彩色印刷有限责任公司 印刷
科学出版社发行　各地新华书店经销

*

2022 年 9 月第 一 版　开本：720 × 1000 1/16
2023 年 2 月第二次印刷　印张：11 3/4
字数：237 000

定价：88.00 元
（如有印装质量问题，我社负责调换）

前　言

工业过程中广泛存在的化学反应棒、芯片固化炉、锂离子电池等热过程都属于分布参数系统，这些系统的输入、输出甚至参数不仅与时间有关，还与空间有关，因此它们具有时空耦合的特征。数学上，这些过程使用偏微分方程描述。由于这类系统的时空耦合特征，本质上它们属于无穷维的系统。对于分布参数系统(DPS)的预测和控制，获得它们的模型是非常必要的。然而在实际过程中，由于不确定性、复杂边界条件等因素的影响，很难获得系统的解析模型。

近年来，基于时空分离的建模方法得到了广泛研究。对于这类时空建模方法，空间基函数的学习以及低阶时序模型的设计直接影响最终时空模型的精度。对于空间基函数的学习问题，传统的 Karhunen-Loève 方法具有很好的效果。然而这种方法是线性方法，对于强非线性系统，它的空间基函数不能够表征系统的空间非线性特征。对于低阶时序模型的设计，一般使用传统的黑箱建模方法，且能取得较好的模型效果，但它们未考虑热系统模型的固有结构特征。因此，如果根据模型结构特征来设计低阶时序模型结构，那么将大大提高时空模型的精度。

鉴于以上问题，本书在深入分析前人工作的基础上，系统提出非线性 DPS 智能建模方法，在时空分离的框架下解决非线性 DPS 的建模问题，并将部分结果应用于解决锂离子电池温度场的时空分布问题中，仿真结果验证了理论结果的有效性。

本书共 7 章，主要由研究背景和现状(第 1 章)、智能时空建模方法研究(第 2～6 章)和应用研究(第 7 章)三部分构成。第 1 章对本书的研究背景和现有的研究成果进行深入分析与系统总结，并阐述现有方法存在的问题，为后续的研究工作奠定基础；第 2 章针对 DPS 的空间非线性问题，提出基于流形学习的非线性基函数学习方法；第 3 章针对 DPS 的双非线性结构特征，设计双重最小二乘支持向量机与双重超限学习机模型；第 4 章针对大尺度非线性 DPS，设计基于有限高斯混合模型的时空多模型策略；第 5 章和第 6 章针对 DPS 的时变特征，设计在线时空模型；第 7 章将本书设计的部分时空模型应用到锂离子电池温度场分布的预测中，并进行仿真验证分析。本书研究内容既丰富了理论研究成果，又为工程实践提供了可借鉴的设计思想。

本书部分内容的研究工作得到了国家自然科学基金项目(51905109，U1501248)的资助。

限于作者水平，书中难免存在不足和疏漏之处，恳请同行专家和广大读者批评指正。

目　　录

第1章 绪　论

在先进制造工业过程中，如半导体制造、材料工程、化学工程、工业热过程等，都属于典型的分布参数系统(distributed parameter system, DPS)[1-4]。这些过程的输入、输出，甚至是过程当中的一些参数不仅随着时间的变化而变化，也根据空间位置的不同而不同[5,6]。典型的分布参数系统有工业热过程[7,8]、流体过程[9-11]、对流扩散反应过程[12-14]、柔性悬臂梁系统[15-17]、化学气相沉积过程[18,19]等。近年来，传感器技术、控制器技术和计算机技术等的飞跃发展，使得对这类分布参数系统的研究越来越热门[4]。关于分布参数系统的建模与控制方面的研究取得了重大进展[20-25]，并且这些成果已成功地应用到了一些先进的工业过程当中。分布参数系统的建模是对系统进行集中分析、控制、优化设计及在线应用的基础。因此，本章着重介绍分布参数系统的建模方法。

1.1　工业热过程介绍

本书主要针对工业上广泛存在的三种热过程，即化学反应棒、芯片固化炉和锂离子电池，研究新型时空智能建模方法及其在这些过程中的应用。关于这三个过程的介绍如下。

1. 化学反应棒

化学反应棒是化学工业中一个典型的一维热过程，如图 1.1 所示，该过程是一个运输-扩散反应过程。均匀反应棒 AB 放置在绝热容器内，反应物从 A 端进入，在均匀反应棒 AB 上完成反应后，生成物从 B 端输出，这是一个放热过程[26]。反应棒上的温度不仅随时间的变化而变化，也随空间的变化而变化。因此，均匀反应棒 AB 上的热分布属于分布参数系统。

图 1.1　化学反应棒

2. 芯片固化炉

图 1.2 为 ASM 公司生产的一种快速芯片固化炉。当对芯片进行封装时，固化过程是其中最重要的过程之一。芯片封装材料固化质量直接影响最终成品的质量及其使用寿命。芯片封装材料固化所使用的设备即为芯片固化炉[27]。该固化炉的内部有一个拱形的加热板，它的作用是使炉腔内的温度场在同一水平面保持一致。炉腔下端有一个冷却板，它的作用是使炉腔内的温度在上下方向上形成一个温度梯度，这样可以满足芯片在不同固化阶段所需的不同温度的要求。氮气预热板与加热板直接相连，固化过程开始之前，从炉子上方通入氮气进行预热。通入氮气的作用是使得炉腔内的温度均匀分布，并且在固化过程中防止固化材料在高温条件下被氧化。当芯片固化开始时，需要固化的芯片通过入口进入炉腔，并且放置在载物台上面，载物台可以上下移动。芯片固化完成后，便通过出口输出腔体外。芯片固化质量对温度的分布要求非常高，因此获得固化炉内的温度分布模型具有重要意义。

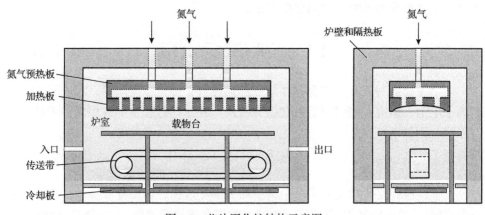

图 1.2　芯片固化炉结构示意图

3. 锂离子电池

随着电池技术以及汽车工业的发展，电动汽车和混合动力汽车逐渐成为一种趋势。它们的使用可以有效节约能源以及减少污染物排放[28]。这类汽车主要使用锂离子电池作为动力源。锂离子电池的使用寿命、安全性等性能都与其热动态特性紧密相关[29]。锂离子电池的温度不仅与时间有关，还随着空间的变化而变化，因此锂离子电池的热动态过程属于典型的分布参数系统[30]。锂离子电池内部存在着极其复杂的电化学反应，仅仅依靠机理很难获得电池的精确偏微分描述，因此基于数据的时空建模方法对于锂离子电池热动态过程的研究非常关键。

以上介绍的三个热过程都属于典型的分布参数系统。对于锂离子电池等工业复杂热系统，很难获得它们的精确模型，主要原因可以总结如下。

（1）非线性时空耦合动态：热过程的物理方程一般用非线性偏微分方程来描述。这种时空耦合动态很难通过机理知识来直接获得，并且对于这种方程的直接计算或者离散处理计算代价很高。

（2）不确定性：由于环境因素、测量精度以及未知因素的影响（如电池的寿命），系统存在未知动态的影响。对于一些复杂系统，往往会存在一些时变的动态，导致模型获取非常困难。

（3）非齐次边界条件：分布参数系统的非齐次边界条件很难获得。它们往往具有强非线性特征，并且随着外界因素的变化，存在一些未知边界条件。

1.2　分布参数系统建模研究现状

1.1节介绍的三种工业上广泛存在的热动态过程都属于分布参数系统，这类系统的输入、输出，甚至过程参数不仅随时间发生变化，还和空间分布有关。在数学上，这类系统可以用偏微分方程(partial differential equation, PDE)来描述[5]。由于这类系统具有空间分布的特性，本质上它们属于无限维的系统。这一特点使得这类系统的建模复杂度远远大于集中参数系统(lumped parameter system, LPS)。此外，无限维的分布参数系统不能够直接进行控制[31-33]，并且在测量系统的输出信号过程中只能安装有限个传感器，所以无限维的分布参数系统必须近似为一个有限维的分布参数系统。因此，模型递减技术对于分布参数系统建模非常重要。为了方便理解，假设分布参数系统的偏微分方程可以表达为

$$\frac{\partial y(x,t)}{\partial t} = \alpha\frac{\partial^2 y}{\partial x^2} + \beta\frac{\partial y}{\partial x} + f(y) + wb(x)u(t) \tag{1.1}$$

边界条件为

$$y(0,t) = 0, \quad y(\pi,t) = 0$$

初始条件为

$$y(x,0) = y_0(x)$$

根据傅里叶变换原理，任意的非线性连续函数都可以用傅里叶级数来展开[34]。因此，时空变量$y(x,t)$可以沿一组空间基函数$\{\phi_i(x)\}_{i=1}^{\infty}$进行投影展开：

$$y(x,t) = \sum_{i=1}^{\infty}\phi_i(x)a_i(t) \tag{1.2}$$

由上可知，时空变量可以分解成一系列的空间基函数及其相对应的时序模型。

对于抛物型分布参数系统，空间基函数在空间频域上的序列是由慢到快排列的，由于快的序列对于分布参数系统的贡献非常小，一般可以忽略不计，这样前 n 个慢的序列将会用来近似整个系统的动态特性[35]。因此，在实际应用中，式(1.2)可以近似为

$$y_n(x,t) = \sum_{i=1}^{n} \phi_i(x)a_i(t) \tag{1.3}$$

由上可知，分布参数系统的模型递减往往伴随着空间基函数的学习。在空间基函数学习好以后，便可以采用传统的集中参数建模方法来确定空间基函数所对应的低阶时序模型。最终通过时空集成，分布参数系统的时空动态特性可以重构获得。这种基于时空分离的分布参数系统建模框架如图 1.3 所示。综上所述，模型递减技术与空间基函数学习对分布参数系统模型的精度有着至关重要的影响。分布参数系统建模一般分为模型已知的分布参数系统建模和模型未知的分布参数系统建模两类。

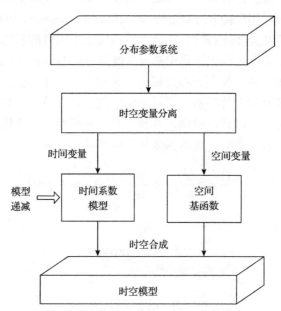

图 1.3　基于时空分离的分布参数系统建模框架

1.3　模型已知的分布参数系统建模

1.3.1　加权残值法

当分布参数系统模型已知时，加权残值法(weighted residual method, WRM)是

使用最有效和最广泛的一种模型递减方法[35,36]。将式(1.3)代入模型(1.1)，偏微分方程的残值可以表示为

$$R(x,t) = \dot{y}_n - \left(\alpha \frac{\partial^2 y_n}{\partial x^2} + \beta \frac{\partial y_n}{\partial x} + f(y_n) + wbu \right) \tag{1.4}$$

如图 1.4 所示，加权残值法的思想是使式(1.4)所表示的残值向权重函数的投影最小，其数学描述为

$$(R, \varphi_i) = 0, \quad i = 1, 2, \cdots, n \tag{1.5}$$

式中，φ_i 是一组权重函数。

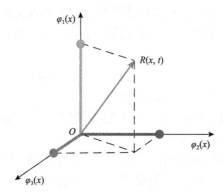

图 1.4　加权残值法的几何意义

式(1.4)的最小化残值可以转化为最小化权重函数方向的投影。加权残值法的精度对基函数与权重函数的选取依赖性很高，因此如何选择合适的基函数与权重函数非常重要[35]。有多种方法可以用来选取基函数与权重函数，最常用的方法是 Galerkin 方法和配点法。

1. Galerkin 方法

如果权重函数 φ_i 选择为空间基函数 ϕ_i，那么这种方法可以称为 Galerkin 方法[35,36]。这种方法的优点是残值与每一个空间基函数都是正交的，因此,方程(1.4)的最优解即为 n 个空间基函数 $\phi_i(x)$。Galerkin 方法最终只需确定空间基函数即可，所以具有简单有效的特点。

2. 配点法

配点法所使用的权重函数为 Dirac delta 函数 $\delta(x - x_i), i = 1, 2, \cdots, n$[36]。配点法的目标是使得残值在配置点 x_i 处为 0，因此，配置点的选择非常关键。幸运的是，许多数学理论证明这些配置点可以以一种最优的方式自动选择，如空间正交多项

式的零点等[37,38]。

　　Galerkin 方法和配点法都属于线性的模型递减方法，它们对于线性分布参数系统非常有效。由于快系统和慢系统具有一定的耦合作用，而在模型降阶过程中，我们往往直接忽略快系统的影响，因此也会形成与快系统耦合的一些慢系统特征。

　　3. 近似惯性流形方法

　　为了提高建模精度，可采用近似惯性流形（approximated inertial manifold, AIM）等非线性模型递减方法[39]进行建模。值得注意的是，对于许多分布参数系统，惯性流形可能不存在，或者很难被找到。近似惯性流形方法可以把快系统看成慢系统的函数从而对慢系统进行补偿[40-42]，即使惯性流形不存在，或者很难找到，也比 Galerkin 方法和配点法更加有效。获得近似惯性流形的方法主要有以下三种。

　　（1）假设快系统处于伪稳定状态，可以得到稳定流形[43]，通过忽略快系统的动态信息，便可以用稳定流形来近似惯性流形。

　　（2）考虑到快系统的动态信息，可以用隐式欧拉方法对快系统在短时间尺度上进行积分来获得近似惯性流形[40]。

　　（3）为了进一步改善流形的近似精度，在某些特定条件下，基于奇异扰动理论的方法可以以任意精度来构造近似惯性流形[26,42]。

1.3.2　有限差分法

　　有限差分法（finite difference method, FDM）是用来求偏微分方程数值解的非常流行的方法[44,45]，它得到的空间基函数是局部的。采用有限差分法可以将时空变量在定义的时间和空间域内划分网格并进行离散化处理。如图 1.5 所示，将时空变量对空间和时间的偏导数在每个离散点附近使用泰勒级数进行前向、后向或

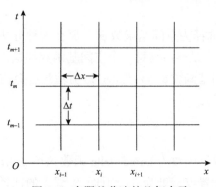

图 1.5　有限差分法的几何表示

者中心等差分展开，从而使原始的偏微分方程转化为一组差分方程。降维后模型的阶数与选择的空间离散节点的个数成正相关。有限差分方法最大的优点是可以处理带有任意复杂边界条件和初始条件的分布参数系统，但是其得到的数值解精度一般较低，如果想得到精度很高的数值解，必须选择足够多的空间节点，这样便会造成计算负担的大大增加，不利于实际工业过程的应用。

1.3.3　特征函数方法

特征函数方法可以看成线性的加权残值法。如图 1.6 所示，对于线性分布参数系统的解析解，可以用分离变量法来获得[46]。假设线性分布参数系统的解析解可以通过式(1.6)所示分离变量的形式给出：

$$y(x,t) = \sum_{i=1}^{\infty} \phi_i(x) a_i(t) = \bar{\phi}^{\mathrm{T}}(x) \bar{a}(t) \tag{1.6}$$

式中，$\bar{\phi}(x)$ 和 $\bar{a}(t)$ 分别为相应的空间变量向量和时间变量向量。

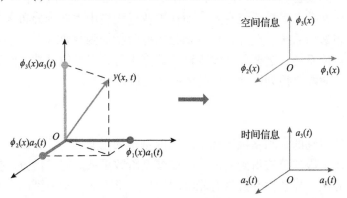

图 1.6　时空分离思想

将式(1.6)代入原始的线性偏微分方程可以得到相应的特征值及其对应的特征向量。

定义一个空间线性算子 $\mathscr{A}$，标准的特征值特征函数问题可以写为

$$\mathscr{A}\phi_j = \lambda_j \phi_j, \quad j = 1, 2, \cdots, \infty \tag{1.7}$$

式中，λ_j 为第 j 个特征值；ϕ_j 为其对应的特征向量。

Butkovskiy[47]给出了不同的空间线性算子所对应的特征值与特征函数的解。式(1.7)所求得的解析解是无限维的，在工程应用中，一般用有限维的近似解来代替无限维的解析解，这就需要对原始无限维系统进行截断。如果原始偏微分方程系统属于自反系统，那么截断以后的模型可以很好地近似原始无限维模型，否则，

为了保证模型的精度，截断以后的模型阶数往往很高，这大大增加了实际应用过程中的计算复杂度，不利于控制的实现。这种方法最大的缺点是只针对线性分布参数系统有效，在实际工业过程中，大部分的分布参数系统都具有强非线性，并且伴随着复杂的边界条件，这些都使得这种方法求出的解析解的精度大大降低。

1.3.4　格林函数方法

格林函数又称为源函数或者影响函数，它用来求解有初始条件或者边界条件的非齐次偏微分方程。对于线性分布参数系统，格林函数可以完全表征其系统特性，如下所示：

$$y(x,t) = \int_0^t \int_0^{\pi} g(z,\xi,t-\tau)u(\xi,\tau)\mathrm{d}\xi\mathrm{d}\tau \tag{1.8}$$

如果能求出式(1.8)的特征值及其对应的特征向量，那么格林函数便可以用无限维特征函数展开的形式来表示，通过截断得到有限维的近似解。Butkovskiy[47]给出了不同空间线性算子所对应的格林函数。与特征函数方法类似，格林函数方法也只针对线性分布参数系统有效，而在工业过程当中大部分分布参数系统都属于非线性分布参数系统。此外，格林函数的低阶特征函数要求系统必须是自反系统。对于非自反系统，需要使用输入输出数据来得到奇异值函数，然后利用奇异值函数的展开截断来得到格林函数的低维解析解。

1.3.5　谱方法

谱方法学习到的空间基函数在空间域内是全局正交的[48,49]。由于它的全局特性，谱方法比有限差分法得到的低阶时序模型阶数更低。但是谱方法要求分布参数系统具有齐次边界条件并且具有光滑的输出。谱方法所学习到的空间基函数通常有以下几种形式。

(1)傅里叶函数：任意连续的非线性周期函数都可以用正弦或者余弦函数的无穷级数来近似。对于抛物型分布参数系统，可根据其边界条件，选择适当个数的傅里叶函数作为其空间基函数[48,49]。

(2)特征函数：具有线性或线性化空间算子的抛物型分布参数系统，其空间基函数的学习问题可以转化为求其空间算子的特征值和特征向量问题[50,51]；其空间基函数本质上相当于空间算子的特征向量。抛物型分布参数系统具有快慢动态特性，因此有限个空间基函数所对应的慢动态可以用来近似原系统动态。空间基函数的个数可以由其对应的特征值大小来确定。

(3)正交多项式：正交多项式也是一种常用的空间基函数。常用的正交多项式函数有勒让德多项式[48]、切比雪夫多项式[49,50]、雅可比多项式[52]等。

近年来，关于谱方法在分布参数系统建模中的应用已有许多研究。在机械领域，基于谱方法的时空建模成功地应用到了热轧过程中，并且取得了很好的效果[53]。此外，针对谱方法获得的空间基函数阶数较高的问题，有研究者提出了一种新型的空间基函数获取方式。采用传统的谱方法获得一组空间基函数，每一个新型的空间基函数由这组基于谱方法的空间基函数线性组合获得[21,54]。其中，线性转换矩阵可以通过平衡截断技术[21]或者简单的优化技术[54]来获得。相比而言，这种新型的空间基函数阶数较低，并且最终获得的时空模型的精度较高。

1.4 模型未知的分布参数系统建模

前面介绍的方法都是针对分布参数系统模型已知的情况。然而，在实际工业过程当中，分布参数系统的数学模型一般很难获得，并且具有复杂的边界条件及不规则的空间域。因此，基于数据的分布参数系统降维方法的研究非常重要。本节将介绍几种模型未知情况下的分布参数系统降维方法。

1.4.1 有限元方法

有限元方法的思想是：首先按照某种标准将系统的空间域进行划分，然后确定合适的局部空间基函数，最后由传统的建模方法来确定原系统对应的低阶时序模型。其与加权残值法不同的是，加权残值法的低阶时序模型可以直接获得，而有限元方法的低阶时序模型需通过集中参数建模方法来得到[55]。

1.4.2 有限差分法

有限差分法的思想是：首先采用有限差分法估计时空输出对空间变量和时间变量的偏导数，然后定义一个求解方程的标准误差最小化问题，最后用优化算法来求得满足这个条件的可以代表原系统的模型函数。

这种方法与有限元方法类似，最终可以得到一组常微分方程或者偏微分方程。如果得到的是一组常微分方程，方程的阶数会比较高，如果得到的是一组偏微分方程，则还需继续降维处理才能进行实际应用。特殊情况下，采用这种方法最终会得到一组复杂的偏微分方程，不适合实际的过程控制[4]。

1.4.3 Karhunen-Loève 方法

Karhunen-Loève 方法又称为主成分分析(principal component analysis, PCA)法或者奇异值分解(singular value decomposition, SVD)法[56-60]。该方法无须知道实际系统的机理过程，只需要实验数据便可以得到原系统的数学模型。因此，这种方法广泛地应用在分布参数系统建模中。这种方法的思想主要是先对实验采集到的时空数据进行降维处理，通过求特征值和特征向量问题来得到有限个数的空间基函数。然后采用传统的集中参数建模方法,如神经网络(neural network, NN)[61,62]、支持向量机(support vector machine, SVM)[63]、模糊模型[64,65]等,来确定低阶时序模型。最后通过时空重构,获得原系统的基于数据的分布参数系统模型。详细的推导过程如下。

假设实验采集到的时空分布数据表示为 $\{y(x,t)|x=1,2,\cdots,n_x,t=1,2,\cdots,L\}$,为了数学推导过程的简洁化,定义以下两种数学关系:

$$\langle h(x,t)\rangle = \frac{1}{L}\sum_{t=1}^{L}h(x,t) \tag{1.9}$$

$$(h_1(x),h_2(x)) = \int_{\Omega}h_1(x)h_2(x)\mathrm{d}x \tag{1.10}$$

式(1.9)为时空数据的统计平均值,式(1.10)为 $h_1(x)$ 和 $h_2(x)$ 在空间域 Ω 的内积。

Karhunen-Loève 方法的思想是从一组时空数据中学习到特征基函数 $\{\phi_i(x)\}_{i=1}^{n}$。构建目标函数[56]:

$$\min_{\phi_i(x)}\left\langle \left[y(x,t)-\sum_{i=1}^{n}\phi_i(x)(\phi_i(x),y(x,t))\right]^2\right\rangle \tag{1.11}$$

$$\text{s.t.}\quad (\phi_i(\cdot),\phi_i(\cdot))=1,\quad \phi_i(\cdot)\in L^2(\Omega),\quad i=1,2,\cdots,n$$

式中,约束 $(\phi_i(\cdot),\phi_i(\cdot))=1$ 是为了保证空间基函数的唯一性。

式(1.11)的物理意义是实验数据与其重构后数据差平方的统计平均值最小,数学上等价于时空数据与空间基函数的内积最大化。因此,式(1.11)可以转化为求最大值问题:

$$\max\frac{\left\langle(\phi(x),y(x,t))^2\right\rangle}{(\phi(x),\phi(x))} \tag{1.12}$$

$$\text{s.t.}\quad (\phi_i(\cdot),\phi_i(\cdot))=1,\quad \phi_i(\cdot)\in L^2(\Omega),\quad i=1,2,\cdots,n$$

构造拉格朗日函数:

$$J(\phi(x)) = \left\langle(\phi(x),y(x,t))^2\right\rangle - \lambda((\phi(x),\phi(x))-1) \tag{1.13}$$

式(1.13)满足对任意函数 $\psi(x)$ 存在

$$\frac{\mathrm{d}J(\phi + \eta\psi)}{\mathrm{d}\eta}(\eta = 0) = 0, \quad i = 1, 2, \cdots, n \tag{1.14}$$

将式 (1.9)、式 (1.10)、式 (1.13) 代入式 (1.14) 可以得到

$$\int_{\Omega} R(x,\xi)\phi_i(\xi)\mathrm{d}\xi = \lambda_i\phi_i(x) \tag{1.15}$$

式中，$R(x,\xi) = \langle y(x,t)y(\xi,t)\rangle$ 为协方差函数。

为了求解式 (1.15)，假设空间基函数具有以下形式：

$$\phi_i(x) = \sum_{t=1}^{L} \delta_{ti} y(x,t) \tag{1.16}$$

将式 (1.16) 代入式 (1.15) 得到

$$\int_{\Omega} \frac{1}{L} \sum_{t=1}^{L} y(x,t)y(\xi,t) \sum_{k=1}^{L} \delta_{ki} y(\xi,k)\mathrm{d}\xi = \lambda_i \sum_{t=1}^{L} \delta_{ti} y(x,t) \tag{1.17}$$

式 (1.15) 可以转化为式 (1.18)，求解特征值和特征向量问题：

$$C\delta_i = \lambda_i\delta_i \tag{1.18}$$

式中，矩阵 C 的第 t 行第 k 列元素为

$$C_{tk} = \frac{1}{L} \int_{\Omega} y(\xi,t)y(\xi,k)\mathrm{d}\xi \tag{1.19}$$

$\delta_i = [\delta_{1i}, \delta_{2i}, \cdots, \delta_{Li}]^{\mathrm{T}}$ 表示矩阵 C 的第 i 个特征向量。求解式 (1.18) 可以得到特征向量 $\delta_1, \delta_2, \cdots, \delta_L$ 及其相应的特征值 $\lambda_1, \lambda_2, \cdots, \lambda_L$。空间基函数可以通过式 (1.16) 计算得到。把特征值按照从大到小的顺序排列：$\lambda_1 > \lambda_2 > \cdots > \lambda_L$，其中前 n 个最大特征值和的占比可以通过式 (1.20) 计算：

$$\text{ratio} = \frac{\sum_{i=1}^{n} \lambda_i}{\sum_{i=1}^{L} \lambda_i} \tag{1.20}$$

空间基函数的阶数可以通过式 (1.20) 得到，一般选取 ratio $\geqslant 0.99$ 所对应的值 n 作为其阶数。在得到空间基函数以后，便可以采用传统的集中参数建模方法来确定低阶时序模型。

关于分布参数系统的建模问题，国内外很多学者都做了大量的研究。上海交

通大学的 Wang 等[66]针对分布参数系统提出了一种基于 Takagi-Sugeno 模糊模型的局部建模方法，首先通过聚类算法把空间分成许多个局部区域，然后用模糊模型来近似每个局部模型动态特征，最后通过光滑插值方法来获得全局模型。这种方法可以降低重构误差，具有很好的模型效果。中南大学的 Deng 等[27]在时空分离的基础上，研究出了一种混合谱方法与递归神经网络方法的智能建模方法，只利用 4 个传感器的数据即可模拟固化炉内部温度场分布。在此基础上，基于李雅普诺夫稳定性理论设计了相应的观测器和参数在线更新法则以适应长时间尺度下模型的漂移，因此这种模型不仅可以离线使用，还可以在线更新。此外，针对模型完全未知的情况，上海交通大学的齐臣坤教授提出了一种完全基于数据的时空建模框架。这种建模方法集成了 Karhunen-Loève 方法与传统集中参数建模方法，并在此建模框架下做了大量的研究，如时空 Hammerstein 模型[67,68]、时空 Wiener 模型[69]、时空支持向量机模型[70]、时空 Voterra 模型[71]。基于这种框架，超限学习机(extreme learning machine, ELM)模型也成功地应用到分布参数系统的建模过程中，并且在固化炉的应用中取得了满意的效果[72]。这些建模方法可以解决不同类型复杂系统的建模问题。针对强非线性时变系统，Qi 等[73]开发了一种基于概率主成分分析法的多模型时空建模方法，这种方法具有很好的建模效果和鲁棒性能。近两年，本书作者团队基于实验室已搭建完成的固化炉与电池实时仿真控制实验平台，对分布参数系统进行建模继续做了大量的研究。针对一维电池温度场边界的强非线性特征，提出了一种混合时空建模方法[74]。这种混合模型使用神经网络作为边界补偿，具有很好的模型效果。此外，针对锂离子电池的热动态特性，提出了一种基于 ELM 的二维时空模型[75]。这种模型可以精确预测单体电池表面温度场的分布。针对电池放电深度(depth of discharge, DOD)不可测的问题，开发了一种基于扩展卡曼滤波器的时空建模方法[76]。这种建模方法不仅可以实时估计电池 DOD 的时空分布，还可以有效抑制过程噪声的干扰。

以上这些方法都是在时空分离的框架下完成的。近年来，作者团队提出了一种全新的基于深度学习的时空建模框架。这种建模方法不仅适用于抛物型分布参数系统，对非抛物型分布参数系统仍然可以适用[20]。Lu 等[77]针对分布参数系统的建模问题，提出了一种全新的时空最小二乘支持向量机(least squares support vector machine，LS-SVM)建模方法。与传统的 LS-SVM 不同的是，这种全新的时空 LS-SVM 使用核函数作为空间基函数，它可以处理空间信息。这种建模方法成功地应用到了固化炉温度场建模过程中，具有非常好的效果。为了克服过程噪声的影响，Lu 等[78]提出了一种鲁棒时空 LS-SVM 模型。这种模型可以适应扰动所引起的时空变化。在这种新型分布参数系统建模框架下，Lu 等[79]提出了一种时空 ELM 模型。同样，这种模型使用核函数作为空间基函数。不同的是，这种模型可以在线连续学习，因此更加适用于时变分布参数系统。

1.5 本书主要解决的问题及结构安排

1.5.1 本书主要解决的问题

综上所述,大部分工业过程都属于分布参数系统。这类系统的输入、输出、参数一般不仅与时间有关,还随着空间的变化而变化。因此,对于这类时空耦合系统,采用传统的集中参数建模方法无法精确进行时空建模。在实际的工业过程中,由于系统的过程复杂且一般具有强非线性特性,精确的偏微分方程描述一般很难获得,所以基于机理模型的时空建模方法研究较少,而基于数据的时空建模方法被广泛研究与使用。

以 Karhunen-Loève 方法为基础,很多研究人员提出了一种基于时空分离的建模方法。这种建模方法是首先采用 Karhunen-Loève 方法对原系统进行降维处理,并获得可以表征空间特征的基函数;然后将原无穷维系统转化为有限维的时序代表模型,并且采用传统的集中参数建模方法来辨识低阶时序模型;最终通过时空合成获得原系统的近似时空分布模型。对于这种时空建模方法,空间基函数的学习以及低阶时序模型的建立将直接影响最终时空模型的精度。对于空间基函数的学习问题,Karhunen-Loève 方法具有很好的效果。然而这种方法属于线性降维方法。对于强非线性系统,Karhunen-Loève 方法很难学习到可以表征空间非线性特性的基函数。因此,基于非线性降维策略的空间基函数学习方法对于强非线性系统的建模问题具有重要意义。对于低阶时序模型的建立,常用的黑箱建模方法可以得到满意的模型效果。然而这些建模方法把与输入和输出相关的两种不同的非线性部分放在一起去辨识,如果把这两种非线性部分分开辨识将会大大提高时空模型的精度。针对这些问题,本书将在基于时空分离的时空建模框架下进行研究,主要侧重于模型降维技术的研究、低阶时序建模方法的研究、多模型建模方法的研究,以及在线时空模型的研究,并把这些方法应用到实际的工业热过程中。

针对非线性空间基函数的学习问题,第 2 章提出基于流形学习的非线性时空模型,在降维过程中采用非线性降维策略,学习到的空间基函数可以更好地表征空间非线性特征。该章介绍的方法都可以成功地应用到分布参数系统建模过程中,并且具有很好的模型效果。

针对低阶时序系数的精确建模问题,传统的一些集中参数建模方法,如神经网络模型、块模型、支持向量机模型、ELM 模型都可以使用。这些方法在热系统的辨识过程中把与输入和输出信号有关的非线性部分放在一起进行辨识,而这两种非线性部分具有不同的非线性结构,因此,第 3 章以典型的热过程为例,将其近似分解成两个分别与输入、输出有关的非线性结构，并提出一种基于这种结构特征而设计的建模方法，由于这种方法的模型结构可以与原系统非线性结构相匹配，模型精度会更高。其中 3.1 节的模型是以 LS-SVM 为模块设计的，这种模型仿真时间长，运算成本高。为了改善这一劣势，3.2 节用 ELM 模型来代替 LS-SVM 模型，在保证模型精度的条件下，大大节约了运算成本。

针对传统的单一时空模型对于大尺度强非线性系统鲁棒性差的问题，第 4 章提出一种基于有限高斯混合模型(finite Gaussian mixture model, FGMM)的时空多模型。这种建模方法主要是将原始的难操作的强非线性空间，划分为若干个局部可操作的非线性空间，然后在每一个局部子空间中进行时空模型的构建，最终通过主成分回归(principle component regression, PCR)方法，把所有的局部时空模型集成起来，重构出一个全局的时空分布模型。基于这种多模型的工作机制，能够更好地跟踪和处理强非线性时空动态问题。

第 2 章～第 4 章所介绍的时空模型都是离线模型，然而在工业过程的实时应用中，由于内部扰动、未知因素的影响以及一些时变动态的存在，随着时间尺度的增长，使用离线模型往往达不到所要求的模型效果。基于此，第 5 章和第 6 章主要侧重于在线时空模型的研究。其中第 5 章研究一种改进的在线连续 ELM 模型，并将此模型应用到分布参数系统的在线学习过程中；第 6 章主要基于传统的离线时空模型，设计一种降阶观测器用来在线应用。为了防止离线模型漂移，为模型参数设计了一种在线更新法则，当新的实验数据到来时，可以更新离线模型的参数。仿真结果表明，这两种在线模型均具有很好的效果，可以应用到工业热过程的在线建模中。

1.5.2　本书结构安排

本书主要研究分布参数系统建模及其在工业热过程中的应用，全书结构框架如图 1.7 所示。

第 1 章首先介绍本章的研究背景，给出分布参数系统的定义及其数学描述，并把分布参数系统分为模型已知和模型未知两种情况详细介绍当前分布参数系统建模的研究现状。

第 2 章介绍基于流形学习的非线性时空模型。2.1 节主要研究基于局部特征嵌入的非线性时空建模方法。首先使用局部线性嵌入得到一个最优空间基函数，然后用传统的神经网络模型来近似低阶时序模型，最后将获得的神经网络模型与最优空间基函数集成，便可以重构得到原系统的时空预测模型。2.2 节主要介绍一种基于等距特征映射的非线性时空建模方法。不同于 2.1 节的非线性降维方法，这种方法属于全局的非线性降维方法。首先采用等距特征映射方法获得空间基函数，

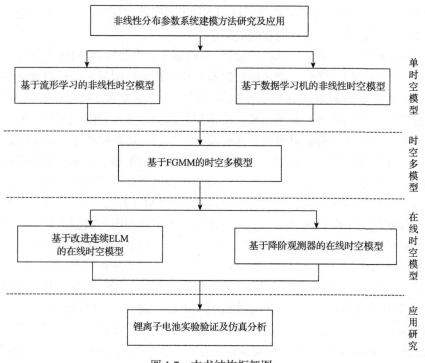

图 1.7　本书结构框架图

然后使用基于 ELM 方法的神经网络模型来近似低阶时序模型，最后把神经网络
模型与空间基函数时空合成便可以得到原系统的时空预测模型。针对这种模型的
鲁棒性问题，使用 Rademacher 复杂性界理论来获得这种模型的推广性界。2.3 节
主要研究一种基于双尺度流形学习的非线性时空建模方法，这种方法在降维过程
中充分考虑了局部和全局两个尺度下的非线性结构，因此获得的非线性空间基函
数，比 2.1 节和 2.2 节介绍的方法更具有代表性，更加适合强非线性系统的建模问
题。

　　第 3 章提出一种基于数据学习机的非线性时空模型。3.1 节研究基于 Dual
LS-SVM 的时空模型，主要解决低阶时序模型的建模问题。在获得空间基函数以
后，采用 Galerkin 方法获得原系统的低阶模型结构，低阶模型具有双重非线性结
构，因此设计一种与之匹配的基于双重最小二乘支持向量机(dual least squares
support vector machine, Dual LS-SVM)的时空模型，并通过构造优化目标函数来获
得模型的未知参数。最后集成基于 Dual LS-SVM 的时空模型与空间基函数便可以
重构出原系统的时空预测模型。获得时空模型以后，使用 Rademacher 复杂性界理
论来分析模型的鲁棒性问题。3.2 节提出一种基于 Dual ELM 的时空建模方法。针
对 3.1 节的建模方法，由于 LS-SVM 的运算时间长，Dual LS-SVM 的运算时间会
成倍变长，为了降低运算成本，用 ELM 代替 LS-SVM 设计低阶时序模型。由于

ELM 数学描述简单，计算过程快，Dual ELM 同样具有这种优点。这可以大大降低运算成本，更适宜于模型的在线应用。

第 4 章研究一种基于 FGMM 的时空多模型。首先使用 FGMM 将原始空间分解成若干个子空间，然后采用传统的时空建模方法来近似每一个子空间的时空动态特性，最终采用 PCR 方法将所有的局部时空分布模型通过加权和的形式集成，并且获得一个全局的时空分布模型。多模型的建模方法可以降低原始空间非线性的复杂度，因此这种模型更加适合大尺度强非线性分布参数系统的建模问题。

第 5 章提出一种基于改进连续 ELM 的在线时空模型。首先介绍传统的连续 ELM 模型，然后针对这种模型在线学习过程中会逐渐加重系统的计算负担并占用大量内存空间的问题，提出一种基于改进连续 ELM 的在线时空模型，这种模型能够在保证模型精度的前提下，除去冗余的、不重要的历史数据信息，进而保证模型后期的运算速度。最终将这种基于改进连续 ELM 的在线时空模型应用到分布参数系统的在线学习过程中，仿真结果验证这一方法的有效性。

第 6 章提出一种基于降阶观测器的在线时空模型。离线模型的基函数使用的是 2.1 节中提到的建模方法。确定离线模型以后，设计一个降阶观测器，并使用传感器实时数据来估计模型的真实输出。由于在线应用过程中，随着环境条件的变化、未知因素的影响，离线模型会产生漂移，该章提出一种在线连续学习算法，这种算法可以用来更新模型的参数。

第 7 章研究分布参数系统建模方法在汽车锂离子电池中的应用。使用实验室采集到的单体电池温度数据，采用本书介绍的部分方法对锂离子电池热过程分别建立时空分布模型，并进行对比仿真分析。结果表明，本书提出的建模方法可以应用到锂离子电池温度场的预测中。

第2章 基于流形学习的非线性时空模型

本章主要侧重非线性空间基函数学习问题的研究。在工业热过程中，温度在空间的分布具有非线性特性，而传统的 Karhunen-Loève 方法获得的空间基函数不能准确地表征这种非线性特征。因此，本章研究基于流形学习的非线性时空建模方法，主要采用流形学习方法对高维时空数据进行降维处理，并采用线性近似方法来获得一组空间基函数。本章方法获得的空间基函数可以用来表征系统空间的非线性分布特征，所以最终得到的时空模型比基于 Karhunen-Loève 方法获得的时空模型的精度更高。

2.1 基于局部特征嵌入的非线性时空建模

许多工业过程都属于非线性分布参数系统，这类系统具有无限维的特征，所以在实际的工程应用中，对无限维的分布参数系统进行降维处理非常重要。Karhunen-Loève 方法是系统降维方法中最具有代表性的。它是一种基于统计学的降维方法，可以根据系统的高维输出数据来获得最具有特征的空间基函数。获得空间基函数以后，原系统的低阶模型便可以通过 Galerkin 方法或者传统的集中参数方法来获得。尽管这种方法对于非线性分布参数系统的建模与控制依然有效，但是它是一种全局的线性重构方法，在降维过程中并未考虑到原系统的局部特性，因此对于具有强非线性特征的分布参数系统，这种方法得到的模型精度会较低。针对这种问题，有学者提出了一种非线性 PCA 降维方法[80]，该方法相较于传统的 Karhunen-Loève 方法具有更好的效果。也有学者提出了一组全新的空间基函数学习方法[81-83]，该方法是在基于 Karhunen-Loève 方法获得的空间基函数的基础上，进行线性组合，最终获得的空间基函数阶数较低，并且具有更好的模型效果。

在机器学习与模式识别领域，有很多非线性维数递减方法被广泛研究，最常用的方法是局部特征嵌入方法，如局部线性嵌入(locally linear embedding, LLE)[84]和拉普拉斯特征映射(Laplacian eigenmaps, LE)[85]等。与传统的 PCA 或者非线性PCA 降维方法不同的是，这类非线性降维方法可以在降维过程中保留高维数据的非线性流形结构，因此对于存在强非线性特征的高维数据，采用这类方法将会更加有效。这类方法虽然在机器学习领域被广泛使用，但至今为止仍未应用到分布参数系统的建模过程中。本章将提出一种基于局部特征嵌入的非线性时空建模方法，首先使用局部特征嵌入方法获得的空间基函数进行时空分离，然后使用传统的神经网络模型近似低阶时序模型，最后集成辨识出的神经网络模型与空间基函数便可以重构出全局的时空模型。与传统的基于 Karhunen-Loève 的时空建模方法相同的是，它们都是在时空分离的框架下工作，不同的是基于局部特征嵌入的非线性时空建模方法在降维过程中考虑了原系统的空间非线性特征，因此本章提出的方法理论上比 Karhunen-Loève 方法更加有效。本章将主要研究 LLE 和 LE 这两种方法在分布参数系统建模过程中的应用，并且针对工业上典型的一维热过程进行仿真研究与分析。

2.1.1　问题描述

考虑一个非线性抛物型分布参数系统，其偏微分方程表达式为

$$\frac{\partial T(S,t)}{\partial t} = A_1 \frac{\partial T}{\partial x} + A_2 \frac{\partial^2 T}{\partial x^2} + k_u B_u^{\mathrm{T}}(S)u(t) + f(T,u) \tag{2.1}$$

其边界条件为

$$c_1 T(S,t) + c_2 \frac{\partial T(S,t)}{\partial S}\bigg|_{S=S_0} = d_1, \ c_3 T(S,t) + c_4 \frac{\partial T(S,t)}{\partial S}\bigg|_{S=S_l} = d_2$$

初始条件为

$$T(S,0) = T_0$$

式中，$S \in [S_0, S_l]$ 为空间坐标；$t \geqslant 0$ 为时间；$T(S,t)$ 为时空变量；$u(t)$ 为系统的输入信号；A_1、A_2、k_u、c_1、c_2、c_3、c_4、d_1、d_2 为未知参数；$B_u^{\mathrm{T}}(S)$ 为关于坐标 S 的一个光滑函数，代表输入信号 $u(t)$ 在坐标 $[S_0, S_l]$ 上的分布情况；$f(T,u)$ 为关于时空变量 $T(S,t)$ 与输入信号 $u(t)$ 的非线性函数。

式(2.1)不能直接用于在线估计与控制相关的应用，主要原因如下。

(1)分布参数系统是时空耦合的，它具有无限维的特性，所以计算复杂度非常高。

(2)一般的分布参数系统包括许多未知的动态特性，所以工业上一般很难精确获得其解析解。

(3)在工业上，分布参数系统一般都具有很强的非线性特性，这种非线性不仅存在于时间尺度上，也存在于空间尺度上。

传统的 Karhunen-Loève 方法是一种全局的线性分解方法，对工业上存在的那些具有强非线性分布参数的系统会产生较大的模型误差。

2.1.2　基于局部特征嵌入的非线性时空建模方法

为了解决 2.1.1 节提出的非线性分布参数系统的建模问题,本节提出一种基于局部特征嵌入的非线性时空建模方法。如图 2.1 所示,这种建模方法是一种基于数据的分布参数系统建模方法,主要思想如下。

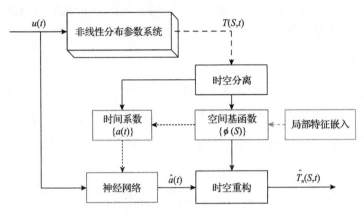

图 2.1　基于局部特征嵌入的非线性时空建模方法

(1)LLE 与 LE 是两种在机器学习领域具有代表性的局部非线性模型递减方法。在本书引入这两种方法,并通过它们构造非线性空间基函数来实现时空分离与模型降阶。

(2)通过时空分离与模型降阶,可以得到时空分布数据在低维空间的时序数据。

(3)利用神经网络来近似低维空间的未知时序动态特性。

(4)利用(1)与(3)获得的空间基函数与神经网络模型,就可以重构出原系统的时空动态特性。

与 Karhunen-Loève 方法相类似,LLE 与 LE 方法都是基于特征值分解的方法,它们的作用都是学习时空数据在低维空间的时序数据。然而 LLE 与 LE 这两种方法在本质上与 Karhunen-Loève 方法有着很大的差异,主要可以分为以下两点。

(1)Karhunen-Loève 方法是一种全局的线性方法,它只能够保留高维时空数据的全局欧几里得结构,不能将时空数据内部存在的非线性结构有效地体现在低维空间上。

(2)LLE 和 LE 这两种方法都属于局部非线性方法。它们假设高维时空数据的局部结构特征是线性的,并且能在降维后有效保留在低维空间上,从而使得原始空间的非线性特征在降维过程中不会遗失。

经过以上分析,LLE 与 LE 方法可以通过非线性降维来获得表征系统空间非线性特征的空间基函数，因此，对于工业上具有强非线性特征的分布参数系统，这种建模方法会比基于 Karhunen-Loève 的建模方法更加有效。

在对分布参数系统的建模过程中，降维方法的选择将直接影响所学习到的空间基函数的形式，而空间基函数的形式很大程度上会影响最终时空模型的精度，因此降维方法对分布参数系统的建模过程非常重要。接下来将介绍两种在机器学习领域中非常流行的非线性降维方法，这两种方法在分布参数系统建模中的作用主要是学习空间基函数。

1. 局部线性嵌入

假设通过仿真或者实时实验获得的时空分布数据为 $\{T(S,t_k)|S\in\Omega, S=1,2,\cdots, n_S, k=1,2,\cdots,n_t\}$，其中 n_S 和 n_t 分别为空间方向和时间方向的数据点个数。局部线性嵌入算法的目的就是寻找一系列的单位正交空间基函数 $\{\phi_i(S)\}_{i=1}^{+\infty}$ 用来时空分离。

根据傅里叶变换，时空变量 $T(S,t)$ 可以写成如下时空分离的形式：

$$T(S,t) = \sum_{i=1}^{\infty}\phi_i(S)a_i(t) \tag{2.2}$$

式中，$a_i(t)$ 为空间基函数对应的低阶时序系数。

在实际应用过程中，抛物型分布参数系统可以分解为有限维的慢动态和无限维的快动态。其中，有限维的慢动态代表系统的主要动态，因此忽略无限维快动态的影响，式(2.2)可以写成有限维的形式：

$$T_n(S,t) = \sum_{i=1}^{n}\phi_i(S)a_i(t) \tag{2.3}$$

根据快照法，假设空间基函数可以写成时空数据的线性组合形式：

$$\phi_i(S) = \sum_{k=1}^{n_t}\gamma_{ik}T(S,t_k), \quad i=1,2,\cdots,\infty \tag{2.4}$$

式中，γ_{ik} 为高维空间的低维嵌入。

因此，学习空间基函数的过程转化为学习 γ_{ik} 的过程。

如图 2.2 所示，LLE 方法认为具有非线性特征的高维数据在局部具有线性特征，即认为每一个数据点 $T(:,t_i)$ 都可以通过其相邻的 K 个点的线性加权组合构造得到。

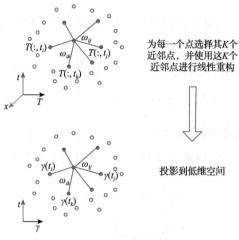

为每一个点选择其K个
近邻点，并使用这K个
近邻点进行线性重构

投影到低维空间

图 2.2　LLE 方法原理

$$T(:,t_i) = \sum_{j=1}^{K} \omega_{ij} T(:,t_j) \tag{2.5}$$

权重矩阵 $W = \{\omega_{ij}\}$ 可以通过下面的最小化目标函数计算得到：

$$\min_{\omega_j} \sum_i \left\| T(:,t_i) - \sum_{j=1}^{K} \omega_{ij} T(:,t_j) \right\|^2 \tag{2.6}$$

满足约束条件：① $\sum_{j=1}^{K} \omega_{ij} = 1$；② $\omega_{ij} = 0$，$T(:,t_j)$ 不是 $T(:,t_i)$ 的 K 个近邻点中的一个。

式(2.6)中，ω_j 为权重矩阵 W 的第 j 列。

时空数据 $T(:,t_i)$ 的线性重构可以表示为

$$\sum_{j=1}^{K} \omega_{ij} T(:,t_j) = B\omega_i \tag{2.7}$$

式中，$B = [T(:,t_1),\cdots,T(:,t_K)]$；$\omega_i = [\omega_{i1},\cdots,\omega_{iK}]^{\mathrm{T}}$。

优化问题式(2.6)可以转化为

$$
\begin{aligned}
\varepsilon(\omega_j) &= \left\| T(:,t_i) - \sum_{j=1}^{K} \omega_{ij} T(:,t_j) \right\|^2 \\
&= \left\| Y\omega_i - B\omega_i \right\|^2 \\
&= \left\| (Y - B)\omega_i \right\|^2 \\
&= \omega_i^{\mathrm{T}} (Y - B)^{\mathrm{T}} (Y - B)\omega_i \\
&= \omega_i^{\mathrm{T}} C \omega_i
\end{aligned}
\tag{2.8}
$$

式中，$Y=[T(:,t_i),\cdots,T(:,t_K)]$；$C=\left(T(:,t_i)-T(:,t_p)\right)^{\mathrm{T}}\left(T(:,t_i)-T(:,t_q)\right)(p,q=1,2,\cdots,K)$ 为局部协方差矩阵。

构造拉格朗日函数，约束条件为式(2.6)的第一个等式约束：

$$L(\lambda_1,\omega_{ij})=\omega_i^{\mathrm{T}}C\omega_i+\lambda_1(\omega_{ij}l-1) \tag{2.9}$$

式中，λ_1 为拉格朗日乘子；l 为 $K\times 1$ 的矩阵，$l=[1,\cdots,1]^{\mathrm{T}}$。

式(2.9)对所有未知变量求导并且令导数等于零，可以得到

$$\begin{cases} \dfrac{\partial L}{\partial \lambda_1}=\omega_{ij}l-1=0 \\[2mm] \dfrac{\partial L}{\partial \omega_i}=2\omega_i C+\lambda_1 l^{\mathrm{T}}=0 \end{cases} \tag{2.10}$$

最后，由式(2.10)可以得到权重矩阵 ω_i 的表达式，如下所示：

$$\omega_i=\frac{l^{\mathrm{T}}C^{-1}}{l^{\mathrm{T}}C^{-1}l} \tag{2.11}$$

基于 LLE 的降维思想，每一个低维嵌入空间的数据点 $\gamma(t_i)$ 也可以从它相邻的 K 个数据点线性加权重构，并且其 K 个近邻点及对应的权重均与高维空间的时空数据 $T(:,t_i)$ 的 K 个近邻点及对应的权重相一致。首先，同式(2.6)，构造低维空间的优化函数为

$$\min\sum_i\left\|\gamma(t_i)-\sum_{j=1}^{K}\omega_{ij}\gamma(t_j)\right\|^2 \tag{2.12}$$

式中，$\gamma(t_j)(j=1,2,\cdots,K)$ 为点 $\gamma(t_i)$ 的 K 个近邻点。定义一个 $L\times L$ 的稀疏矩阵 W 来储存权重矩阵 ω_i。如果 $\gamma(t_j)$ 是 $\gamma(t_i)$ 的 K 个近邻点，则把 ω_i 的值赋给矩阵 W 对应位置的第 i 列，否则矩阵 W 相应位置的值为 0。因此，式(2.12)可以重新写为

$$\varepsilon(\gamma)=\sum_i\left\|\gamma(t_i)-\sum_{j=1}^{K}\omega_{ij}\gamma(t_j)\right\|^2=\sum_{i=1}^{L}\|\gamma I_i-\gamma W_i\|^2=\sum_{i=1}^{L}\|\gamma(I_i-W_i)\|^2 \tag{2.13}$$

式中，I_i 为 $L\times L$ 的单位矩阵 I 的第 i 列；W_i 为 $L\times L$ 的稀疏矩阵 W 的第 i 列；$\gamma=[\gamma(1),\cdots,\gamma(L)]$ 为低阶嵌入矩阵，并且 $\gamma(t)=[\gamma_1(t),\cdots,\gamma_n(t)]^{\mathrm{T}}$，$t=1,2,\cdots,L$。

然后，式(2.13)可以转换为

$$\varepsilon(\gamma)=\mathrm{trace}[\gamma(I-W)(I-W)^{\mathrm{T}}\gamma^{\mathrm{T}}]=\mathrm{trace}(\gamma M\gamma^{\mathrm{T}}) \tag{2.14}$$

式中，$M = (I - W)(I - W)^{\mathrm{T}}$。

构造含等式约束的拉格朗日函数为

$$L(\gamma, \lambda_2) = \gamma M \gamma^{\mathrm{T}} + \lambda_2 \left(\gamma \gamma^{\mathrm{T}} - I \right) \tag{2.15}$$

式中，λ_2 为拉格朗日乘子；等式约束 $\gamma \gamma^{\mathrm{T}} = I$ 是为了保证低维输出解的唯一性。

式 (2.15) 对未知量 γ 求导并令导数等于零可以得出

$$\frac{\partial L}{\partial \gamma} = 2M\gamma + 2\lambda_2 \gamma = 0 \tag{2.16}$$

最小化函数 (2.12) 的问题可以转化为求式 (2.17) 的特征值与特征向量问题：

$$M\gamma = \lambda \gamma \tag{2.17}$$

式中，$\lambda = -\lambda_2$。

把式 (2.17) 的所有特征值按照从小到大的顺序排列：$\lambda_0 < \lambda_1 < \lambda_2 < \cdots < \lambda_n < \cdots$。对应第 2 个特征值和第 $n+1$ 个特征值的 n 个特征向量作为式 (2.17) 的解。n 的值可以确定为

$$\frac{\lambda_n}{\lambda_1} = o(1), \quad \frac{\lambda_{n+1}}{\lambda_n} = o(\varepsilon) \tag{2.18}$$

式中，$\varepsilon = \dfrac{\lambda_1}{\lambda_{n+1}}$ 为一个很小的正值。

最后，空间基函数 $\phi_i(S)$ 可以通过式 (2.4) 计算获得。

2. 拉普拉斯特征映射

区别于 LLE，LE 是机器学习领域另外一个具有代表性的局部非线性降维技术。它是一种基于谱图理论的流形学习算法，主要思想是找到一个在平均意义上保留数据点局部特性的映射，通过数据点与它相邻数据点之间的权重来构造邻接图，点离得越近，权重越大。权重通过高斯核函数计算得到：

$$\omega_{ij} = \mathrm{e}^{\frac{\left\| T(:,t_i) - T(:,t_j) \right\|}{2\sigma^2}} \tag{2.19}$$

嵌入的低阶时序代表可以通过最小化下面的目标函数计算得到：

$$\min \sum_i \omega_{ij} \left\| \gamma(t_i) - \gamma(t_j) \right\|^2 \tag{2.20}$$

$$\text{s.t.} \quad \frac{1}{L}\sum_i \gamma(t_i)\cdot\left(\gamma(t_i)\right)^{\text{T}} = I$$

目标函数(2.20)可以转化为

$$\frac{1}{2}\sum_i \omega_{ij}\left\|\gamma(t_i)-\gamma(t_j)\right\| = \gamma(D-W)\gamma^{\text{T}} = \gamma L\gamma^{\text{T}} \tag{2.21}$$

式中，$L=D-W$，D 为对角矩阵，其第 i 行、第 j 列元素 $D_{ij}=\sum_j \omega_{ij}$。

构造含有等式约束的拉格朗日函数：

$$L(\gamma,\lambda_3) = \gamma L\gamma^{\text{T}} + \lambda_3\left(\gamma D\gamma^{\text{T}} - I\right) \tag{2.22}$$

式(2.22)的求解问题可以转化为特征值与特征向量的求解问题：

$$L\gamma = \bar{\lambda}D\gamma \tag{2.23}$$

式中，$\bar{\lambda}=-\lambda_3$。

式(2.23)的求解过程与 LLE 方法的求解过程相同。它的空间基函数与低阶模型阶数同样可以用式(2.4)与式(2.18)来确定。这两种算法的求解过程可以简单总结如下。

步骤 1：使用 K 近邻算法寻找任意一个样本点的 K 个近邻点。

步骤 2：使用式(2.11)和式(2.19)计算权重 ω_i，使得每个点都可以由其 K 个近邻点来描述。

步骤 3：使用式(2.17)和式(2.23)计算两种方法的低维嵌入，并使用式(2.18)计算低阶模型的阶数。

步骤 4：空间基函数可以由式(2.4)计算获得。

由上可知，LLE 方法和 LE 方法都认为全局的非线性高维数据在局部具有线性特征。因此，这两种方法都属于局部非线性降维方法。

3. 时序动态建模

在得到空间基函数以后，低阶时序数据便可以通过投影来获得：

$$a_i(t) = \langle \phi_i(S), T(S,t)\rangle \tag{2.24}$$

式中，尖括号为内积。

在获得低阶时序数据以后，下一步是低阶动态建模。假如已知非线性分布参数系统的偏微分方程描述，则可以采用 Galerkin 方法来直接获得低阶动态模型。然而，对于绝大部分的非线性分布参数系统，由于它们具有强非线性，很难获得其低阶模型的具体形式，所以基于数据的建模方法对于低阶模型的确定非常重要。

本书使用经典的神经网络模型来近似低阶动态模型。

一般情况下，非线性时序动态可以通过式（2.25）来表达[86]：

$$a_i(t) = f\left(a_i(t-1),\cdots,a_i(t-d_a),u(t-1),\cdots,u(t-d_u)\right) + \varepsilon(t) \tag{2.25}$$

式中，d_a 和 d_u 分别为输入和输出信号的最大延迟。

神经网络可以逼近任意非线性系统，又被称为万能逼近器。近几十年，对于神经网络的研究一直没有停止过，关于神经网络的结构以及辨识算法也有很多不同的形式。在本章的建模中，使用反向传播(back propagation, BP)神经网络模型来近似模型(2.25)。BP 神经网络一般具有输入层、隐藏层和输出层三层，层与层之间都是全连接，并且输入层与输出层之间没有任何连接。BP 的思想是梯度下降法，它的核心是误差的逆向传播。它把神经网络的输出值与真实值之间的误差逆向分化为每个处理单元的偏差，从而获得各个单元的参考误差，然后根据这个误差来调整各个单元的权重和阈值，循环迭代，最终使得模型误差最小化。

BP 神经网络模型结构如图 2.3 所示，其中 W_{qp} 为连接输入层第 p 个神经元与隐藏层第 q 个神经元的输入权重，β_q 为连接隐藏层第 q 个神经元与输出层的输出权重。

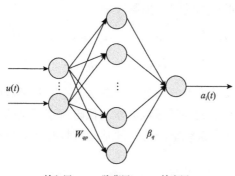

图 2.3　BP 神经网络模型结构

因此，隐藏层第 q 个神经元的输出 H_q 为

$$H_q = g\left(\sum_p W_{qp}u_p + \theta_q\right) \tag{2.26}$$

式中，θ_q 为隐藏层第 q 个神经单元的阈值；函数 $g(\cdot)$ 为隐藏层输出激活函数，它有很多形式，一般选为 Sigmoid 函数，表示为

$$g(x) = \frac{1}{1+e^{-x}} \tag{2.27}$$

神经网络的输出函数可以表示为

$$\hat{a}_i = \sum_q \beta_q H_q + \theta \tag{2.28}$$

根据梯度下降法，可以得到神经网络输入、输出权重与隐藏层、输出层阈值的更新公式[87]：

$$\begin{cases} \beta_q = \beta_q + \alpha(\hat{a}_i - a_i)\hat{a}_i(1-\hat{a}_i)H_q \\ \theta = \theta + \gamma(\hat{a}_i - a_i)\hat{a}_i(1-\hat{a}_i) \\ W_{qp} = W_{qp} + \alpha(\hat{a}_i - a_i)\beta_q H_q(1-H_q)u_p \\ \theta_q = \theta_q + \gamma(\hat{a}_i - a_i)\beta_q H_q(1-H_q) \end{cases} \tag{2.29}$$

式中，α 和 γ 为学习参数。这两个值的大小影响学习速率，一般不能取得太小；也不宜取太大，否则会导致局部最优值的出现。

4. 时空模型重构

获得低阶模型以后，便可以使用低阶模型来预测输出 $\hat{a}(t)$，集成低阶输出与空间基函数便可以获得全局的时空预测输出：

$$\hat{a}(t) = f_{\text{NN}}(\hat{a}(t-1),\cdots,\hat{a}(t-d_a),u(t-1),\cdots,u(t-d_u)) \tag{2.30}$$

$$\hat{T}(S,t) = \phi(S)\hat{a}_i(t) \tag{2.31}$$

综上可知，分布参数模型的精度主要取决于空间基函数的学习以及低阶时序模型的精度，而空间基函数的学习也会影响低阶时序模型的确定。因此，如何学得一个可以表征分布参数系统空间特性的基函数具有重要意义。

2.1.3 仿真研究

为了验证本章所提出方法的模型效果，本节针对工业过程中的典型一维热过程——化学反应棒进行仿真研究。如图 1.1 所示，化学反应棒是化学工业中的一个运输-扩散反应过程，它属于典型的分布参数系统。在本仿真中，首先利用有限差分法来获得偏微分方程的数值解。然后根据获得的数据分别采用基于 LLE、LE 和 Karhunen-Loève 的时空建模方法来对该过程进行建模，并比较三种方法最终的模型效果。

假设化学反应棒的密度、热容、热传导系数，以及反应棒两端的温度都是恒定不变的，那么它的偏微分方程描述可以表示为

$$\frac{\partial T(x,t)}{\partial t} = \frac{\partial^2 T(x,t)}{\partial x^2} + \beta_T\left(\mathrm{e}^{-\frac{\gamma}{1+T}} - \mathrm{e}^{-\gamma}\right) + \beta_u\left(b(x)^{\mathrm{T}}u(t) - T(x,t)\right) \tag{2.32}$$

满足狄利克雷边界条件：

$$T(0,t)=0 \ , \quad T(\pi,t)=0$$

和初始条件：

$$y(x,0)=0$$

式中，$T(x,t)$ 为反应棒的时空温度分布；β_T 为反应热量；γ 为执行器的热量；β_u 为热传递系统；$u(t)$ 为输入信号；$b(x)$ 为输入信号的分布。

过程参数设置为

$$\beta_T=50.0, \quad \beta_u=2.0, \quad \gamma=4.0$$

该反应过程共有四个执行器，定义为：$u(t)=\left[u_1(t),u_2(t),u_3(t),u_4(t)\right]^{\mathrm{T}}$，它们的空间分布函数为 $b(x)=\left[b_1(x),b_2(x),b_3(x),b_4(x)\right]^{\mathrm{T}}$，并且 $b_i(x)=H\left(x-\dfrac{(i-1)\pi}{4}\right)-H\left(x-\dfrac{i\pi}{4}\right)$，$i=1,2,3,4$，其中 $H(\cdot)$ 是 Heaviside 函数。建模的第一步是设计合适的输入信号来采集数据。输入信号需要使得系统能够充分被激励。本仿真采用的输入信号为[-3,5]范围内的随机输入信号。其中，第一个执行器的输入信号 $u_1(t)$ 随时间的变化曲线如图 2.4 所示。这个随机输入信号与空间尺度和时间尺度均有关，可以充分激励系统的非线性时空动态。不同于传统的系统建模方法，由于化学反应棒具有无限维的特性，需要布置尽可能多的传感器来获得代表空间特征的分布式数据。传感器的布置数量与空间复杂度和建模精度有关，可根据具体需求来布置所需传感器的数量。一般情况下，传感器的布置数量比输入执行器的数量要多。

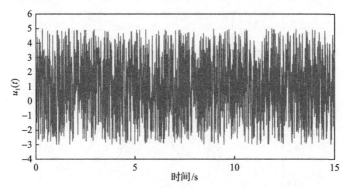

图 2.4　第一个执行器的输入信号 $u_1(t)$ 随时间的变化曲线

在化学反应棒的水平方向上均匀布置 20 个传感器来采集系统输出数据。采样时间间隔为 $\Delta t=0.01$，采样时间为 t=15s。采用有限差分法，仿真共采集到 1500

组实验数据。采集的输出数据$T(x,t)$的分布如图 2.5 所示。其中第 8、12 个传感器的数据用来测试时空模型在未训练位置处的模型精度，其余 18 个传感器的前 400 组实验数据用来训练模型，后 1100 组实验数据用来验证模型在时间方向上的效果。

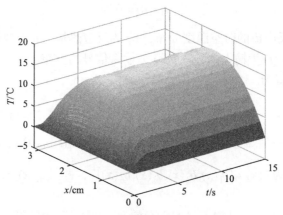

图 2.5　反应棒的温度数据分布

1. 空间基函数的选择

首先采用 Karhunen-Loève、LLE、LE 三种方法分别对高维时空数据进行降维处理，并获得各自的空间基函数。LLE 和 LE 两种方法得到的空间基函数的阶数为 5，为了方便对比，Karhunen-Loève 方法获得的空间基函数的阶数也是 5。LLE 和 LE 方法所选取的近邻点个数均为 $K=8$。计算得到的三种方法相应的空间基函数 $\phi_i (i=1,2,\cdots,5)$ 分别如图 2.6～图 2.8 所示。

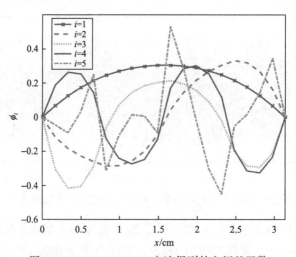

图 2.6　Karhunen-Loève 方法得到的空间基函数

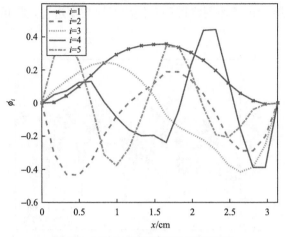

图 2.7 LLE 方法得到的空间基函数

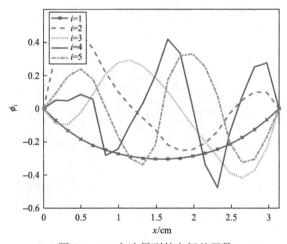

图 2.8 LE 方法得到的空间基函数

2. 低阶时序建模

获得空间基函数以后，使用 1500 组训练数据向三种方法获得的空间基函数进行投影，便可以得到相应的低阶时序数据 $\left\{a(t_i)\big|_{i=1}^{1500}\right\}$。低阶模型的输入信号为四个执行器的输入信号。本仿真中用三层 BP 神经网络模型来近似时序动态特性。其中，神经网络隐藏层节点个数选为 50，隐藏层激活函数选为 Sigmoid 函数。使用前 400 组输入输出数据对 BP 神经网络模型进行训练。在模型训练完毕后，使用后 1100 组数据测试获得的神经网络模型的预测效果。其中，LLE 和 LE 两种方法对应的前两阶时序模型的预测输出与真实输出对比如图 2.9～图 2.12 所示，虚线表示 1100 组测试数据值，实线表示各个低阶模型的预测输出值。从图中可以明

显看出，使用三层 BP 神经网络模型对低阶时序数据进行建模可以获得很好的模型拟合效果。

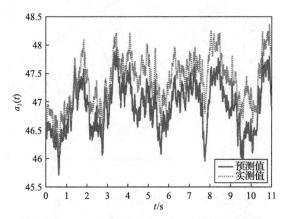

图 2.9　LLE 方法的时间系数 $a_1(t)$ 的预测效果

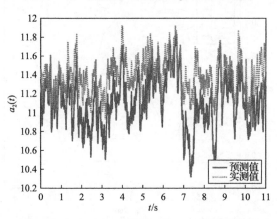

图 2.10　LLE 方法的时间系数 $a_2(t)$ 的预测效果

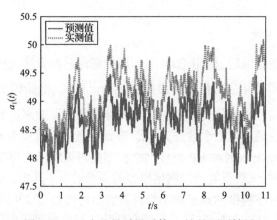

图 2.11　LE 方法的时间系数 $a_1(t)$ 的预测效果

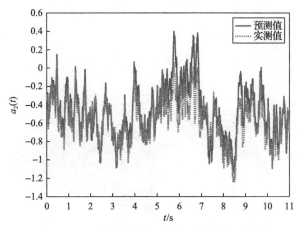

图 2.12　LE 方法的时间系数 $a_2(t)$ 的预测效果

3. 时空合成

在低阶时序模型完全确定以后，合成空间基函数与低阶时序模型，便可以获得反应棒的时空分布模型 $\hat{T}_n(x,t)$。其中，基于 LLE 和 LE 方法的时空预测模型分布如图 2.13 和图 2.14 所示。与图 2.5 对比可以看出，这两种方法重构出的分布参数系统模型对测试数据的模型输出与实际输出基本相同。为衡量时空模型在未训练位置处的拟合效果，使用第 8、12 个传感器采集到的数据进行验证。时空模型在这两个传感器位置处的预测输出使用三次样条插值获得，最终仿真结果如图 2.15 和图 2.16 所示。由仿真结果可知，本章提出的时空模型在未训练位置处依然能够得到很好的效果。

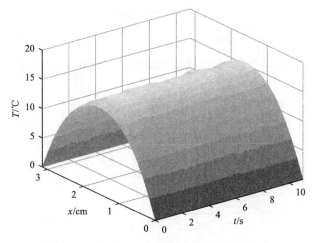

图 2.13　基于 LLE 方法的时空预测模型分布

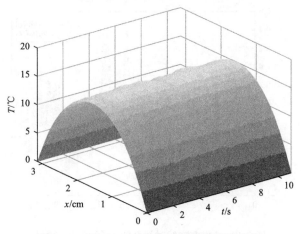

图 2.14　基于 LE 方法的时空预测模型分布

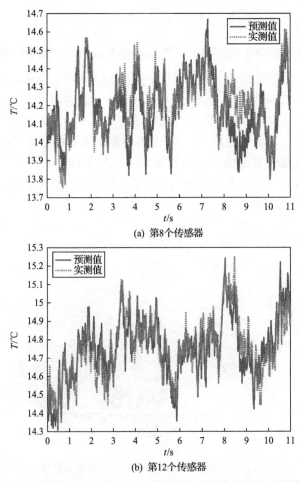

(a) 第8个传感器

(b) 第12个传感器

图 2.15　基于 LLE 方法的时空模型在未训练位置处的预测效果

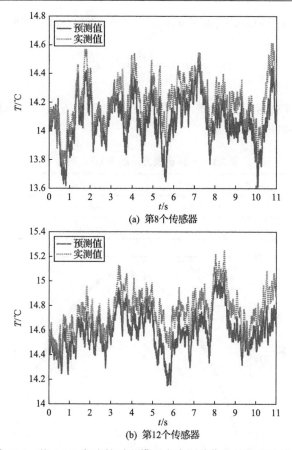

图 2.16　基于 LE 方法的时空模型在未训练位置处的预测效果

4. 三种建模方法比较

由前面的仿真结果可以看出，本章提出的两种空间基函数学习方法都可以应用到分布参数系统建模过程中，并且可以得到满意的模型效果。为了更直观地比较这两种方法的模型误差，以及与 Karhunen-Loève 方法的模型差异，接下来将根据以下三种误差衡量指标来进一步分析。

（1）均方根误差（root mean square error, RMSE）：

$$\text{RMSE} = \sqrt{\frac{1}{SL}\sum_{i=1}^{S}\sum_{t=1}^{L}\left(y(x_i,t)-\hat{y}_N(x_i,t)\right)^2}$$

（2）时间标准绝对误差（temporal normalized absolute error, TNAE）：

$$\text{TNAE} = \frac{1}{L}\sum_{t=1}^{L}\left|e(x,t)\right|, \quad e(x,t)=y(x,t)-\hat{y}_N(x,t)$$

(3)空间标准绝对误差(spatial normalized absolute error, SNAE):

$$\text{SNAE} = \frac{1}{S}\sum_{i=1}^{S}\left|e(x_i,t)\right|$$

在获得这三种时空模型以后，采用以上三种建模方法进行仿真计算，结果如表 2.1、图 2.17 和图 2.18 所示。

表 2.1　三种建模方法的 RMSE 对比

误差指标	Karhunen-Loève 方法	LLE 方法	LE 方法
训练误差 RMSE	0.0586	0.0325	0.0486
测试误差 RMSE	0.2455	0.1038	0.1192

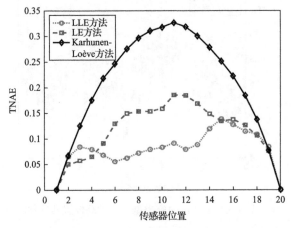

图 2.17　三种方法的 TNAE 对比

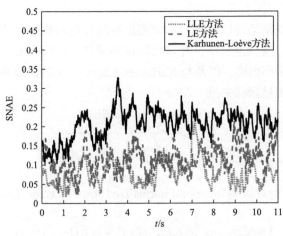

图 2.18　三种方法的 SNAE 对比

5. 仿真结果分析

由以上仿真结果可以看出,本章提出的局部特征嵌入方法(LLE 和 LE)可以应用到分布参数系统的建模中。图 2.9～图 2.12 表明,三层 BP 神经网络对低阶时序数据的建模可以获得很好的预测效果。从图 2.13 和图 2.14 可以看出最终重构出的两种时空分布模型可以满足很好的精度要求。为了验证模型在未训练空间位置处的预测效果,使用第 8、12 个传感器位置处的数据进行比较,从图 2.15 和图 2.16 可以明显看出,本章提出的时空模型在未训练位置处依然具有很好的效果。

本章采用 RMSE、TNAE、SNAE 三个误差指标来衡量 LLE 方法、LE 方法、Karhunen-Loève 方法的模型精度,仿真结果(表 2.1、图 2.17 和图 2.18)表明,LLE 方法、LE 方法得到的时空模型精度比基于 Karhunen-Loève 方法的时空模型精度要高。这也说明,对于非线性分布参数系统,由于 LLE 和 LE 方法在降维过程中可以保留高维数据的非线性拓扑特征,它们学习到的空间基函数更能表征原始空间的非线性特征。

2.2　基于等距特征映射的非线性时空建模

2.1 节主要介绍了机器学习中常用的两种模型降维方法,并成功地将它们应用到分布参数系统的建模过程中,并对一个典型的一维热过程进行仿真分析,验证了这两种非线性降维技术可以满足模型的精度要求,通过与传统的 Karhunen-Loève 方法对比,表明这两种方法对非线性分布参数系统的建模更加有效。然而这两种方法都属于局部的非线性降维技术,它们通过对各个数据点进行局部线性重构来表征数据的非线性拓扑结构。因此,如何学习到一种通过全局非线性特征直接构造的空间基函数将会提高最终模型的精度。本节介绍一种全局的非线性降维方法,即等距映射(isometric mapping, ISOMAP)方法[88],也叫等距特征映射方法。这种方法和 LLE 方法、LE 方法一样,都属于非线性降维技术,但是 LLE 方法、LE 方法属于局部的非线性方法,而 ISOMAP 方法属于全局的非线性方法,它可以通过两两数据间的测地距离来表征高维数据的非线性拓扑结构,并且在降维过程中把这种非线性拓扑结构特征保留到低维嵌入空间当中[89,90]。因此,理论上 ISOMAP 方法的建模精度会高于局部特征嵌入方法。

本节提出一种基于 ISOMAP 的分布参数系统建模方法,与 2.1 节的建模方法相同。首先采用 ISOMAP 方法来获得可以表征空间全局非线性特征的基函数;然后将高维数据向空间基函数上投影,从而获得一系列低阶时序数据,使用传统的神经网络模型来模拟低阶时序动态特性;最后通过时空合成便可以重构出原系统的时空动态特性。为了衡量这种模型的效果，使用化学工业中典型的一维传热过程进行仿真验证，并与 2.1 节介绍的基于局部特征嵌入的时空建模方法进行系统的比较，分析两种方法各自的特点。

2.2.1　基于等距特征映射的非线性时空建模方法

基于等距特征映射的非线性时空建模方法如图 2.19 所示，整个建模过程与本章前述思路一样。具体建模步骤可以总结如下。

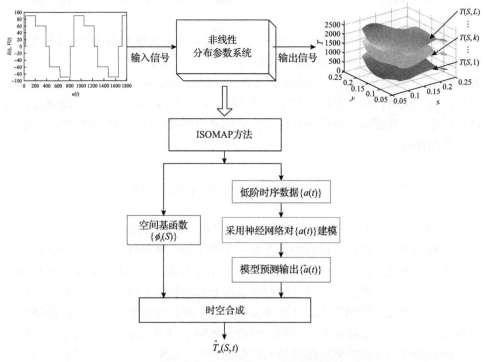

图 2.19　基于等距特征映射的非线性时空建模方法

（1）空间基函数学习。采用 ISOMAP 方法从实验采集到的时空数据中学习一个可以表征空间非线性特征的基函数。

（2）低阶时序动态建模。在学习好空间基函数以后，对高维的时空数据进行时空变量分离，从而得出与空间基函数对应的一系列低阶时序数据。这些数据的动态特性是未知的，因此使用传统的神经网络模型来近似低阶时序动态，并辨识模型的相关参数。

（3）时空合成。空间基函数与低阶时序模型确定后，通过时空合成获得原系统的时空分布模型。

整个建模过程的关键在于空间基函数学习与低阶时序动态建模，它们将直接影响整个时空模型的精度。而空间基函数学习又会影响低阶时序动态建模。因此，本章将继续研究空间基函数的学习方法。

1. ISOMAP 方法

定义时空变量 $\left\{T(S,t_k)\mid S\in\Omega,S=1,2,\cdots,n_S,k=1,2,\cdots,n_t\right\}$，其中 n_S 和 n_t 表示测量时空变量在 S 方向和 t 方向的采样个数。ISOMAP 方法在本书中的主要作用是学习一组单位正交的空间基函数。

1）时空分离

根据傅里叶变换，时空变量 $T(S,t)$ 可以表示为式 (2.2) 的形式，且空间基函数 $\phi_i(S)$ 可以表示成时空变量 $T(S,t)$ 的线性结合形式，如式 (2.4) 所示。

ISOMAP 方法的思想是在模型递减过程中，使低维嵌入的数据能够保留原始高维空间的拓扑结构。ISOMAP 方法步骤如下。

步骤 1：对每个高维数据点构造邻域图，每个数据点的邻域图由其最近的 K 个点组成。定义在 p 时刻采集的温度集合为 $T(:,t_p)=\left\{T(S,t_p)\mid S\in\Omega,S=1,2,\cdots,n_S\right\}$，假设 $T(:,t_q)$ 是 $T(:,t_p)$ 的 K 个近邻点或者 $\left|T(:,t_p)-T(:,t_q)\right|<\varepsilon$，$\varepsilon$ 是一个正值，则将 $T(:,t_q)$ 与 $T(:,t_p)$ 直接相连，定义为 $d_x(p,q)$，否则两点不连接。

步骤 2：计算两两数据点之间的最短路径。如图 2.20 所示，对于高维空间中的任意两点 $T(:,t_q)$ 与 $T(:,t_p)$，它们之间的测地线距离可以用图中实线或者虚线来代表。很显然，实线所代表的测地线距离要比虚线短。假设实线为这两点之间的最短测地线距离，则可以用它来代表这两点之间的最短路径。ISOMAP 方法的思想是使得低维嵌入空间的两两数据点之间的最短路径与高维空间所对应的最短路径一

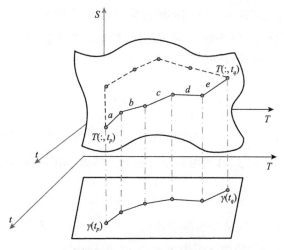

图 2.20 ISOMAP 方法思想

致。定义 $d_G(p,q)$ 为 $T(:,t_q)$ 与 $T(:,t_p)$ 两点之间的测地线距离，假如 $T(:,t_q)$ 和 $T(:,t_p)$ 用直线连接，则初始化 $d_G(p,q)=d_x(p,q)$ ，假如这两点不连接，则 $d_G(p,q)=\infty$ 。因此，对于任一值 $k=1,2,\cdots,n_t$ ，最短路径 $d_G(p,q)$ 可以表示为[88]

$$\min_{(T(:,t_p),\cdots,T(:,t_q))}\left(\left\|T(:,t_p)-T(:,t_{p_1})\right\|+\cdots+\left\|T(:,t_{p_{k-1}})-T(:,t_q)\right\|\right) \tag{2.33}$$

求解式 (2.33) 最终获得的矩阵 $D_G=\{d_G(p,q)\}$ 代表高维空间两两数据点的最短测地线距离。对于图 2.20 所示的两个数据点，其测地线距离可以表示成 $d_G(p,q)=a+b+\cdots+e$ 。ISOMAP 方法的优化目标可以描述为

$$f_{\text{opt}}=\arg\min\sum_{p,q}\left(d_N\left(\gamma(t_p),\gamma(t_q)\right)-d\left(T(:,t_p),T(:,t_q)\right)\right)^2 \tag{2.34}$$

定义 D_N 为低维嵌入的最短路径组成的矩阵，ISOMAP 方法的优化目标 (2.34) 可以转化为最小优化问题，表示为

$$\min\left\|\tau(D_G)-\tau(D_N)\right\|_{L^2} \tag{2.35}$$

式中， $\tau(D_G)=-\dfrac{HAH}{2}$ ，矩阵 A 的元素可以表示为 $A_{pq}=D_{Gpq}^2$ ， H 为中心化矩阵，它的表达式为 $H=I-\dfrac{1}{n_t}ee^{\mathrm{T}}$ ， I 为单位矩阵， $e=[1,1,\cdots,1]^{\mathrm{T}}$ ， $\|B\|_{L^2}$ 表示矩阵 B 的 L^2 矩阵范数： $\|B\|_{L^2}=\sqrt{\sum_{pq}B_{pq}^2}$ 。

式 (2.35) 的优化目标解可以用多维标度分析方法来获得。令 λ_i 为 $\tau(D)$ 的第 i 个特征值 (降序排列)， V_i^p 为第 i 个特征向量的第 p 个元素。因此，低维嵌入 γ_{ip} 可以通过式 (2.36) 计算得到[91,92]：

$$\gamma_{ip}=\sqrt{\lambda_i}V_i^p \tag{2.36}$$

在得到低维嵌入 γ_{ip} 以后，映射函数 $\phi_i(x)$ 可以通过式 (2.4) 计算得到。为满足单位正交化的需求，对 $\phi_i(x)$ 选用施密特正交化 (Schmidt orthogonalization) 进行正交化处理。

2) 模型递减

令 $\tau(D_G)$ 的所有特征值按照降序排列： $\lambda_1>\lambda_2>\cdots>\lambda_{n_t}$ ，与 Karhunen-Loève 方法类似，低维模型的阶数 n 可通过式 (2.37) 得到：

$$\eta = \frac{\sum_{i=1}^{n} \lambda_i}{\sum_{i=1}^{n_t} \lambda_i} \tag{2.37}$$

一般选取 $\eta \geqslant 0.99$ 对应的 n 值作为低维模型的阶数。因此，无限维模型(2.2)可以转化为有限维模型，如式(2.3)所示。

由上可知，本节提出的 ISOMAP 方法与 LLE 方法的第一步相同，都是对每个数据点寻找其 K 个近邻点，并构造邻域图。对于 LLE 方法，认为每个数据点可以由其 K 个近邻点的线性加权重构得到，而对于 ISOMAP 方法，构造邻域图是为了寻找两两数据点在全局的测地线距离。可见，这两种方法构造邻域图的目的不同，造成近邻点个数的选择以及运算时间不同。第二步两者完全不同，LLE 方法着眼于局部线性特征，而 ISOMAP 方法着眼于全局非线性特征。因此，从理论上来说，ISOMAP 方法的降维效果应该比 LLE 方法更好，但是由于 LLE 方法保留了线性系统的一些特点，其运算速度比 ISOMAP 方法更快。后续的实验仿真部分将会针对这两种方法进行系统的比较。

2. 基于神经网络模型的时序动态建模

在获得空间基函数 $\{\phi_i(S)\}_{i=1}^{n}$ 以后，下一步是确定低阶时序动态模型。模型的输入信号为 $u(t)$。由于映射函数是单位正交化的，输出时间系数数据 $a_i(t)$ 可以通过式(2.24)计算获得。

由于低阶模型的结构未知，假设其结构为

$$a(k) = K_1 a(k-1) + K_2 q(k-1) \tag{2.38}$$

式中，K_1、K_2 为模型的参数矩阵；$q(\cdot)$ 为一个与输入输出信号有关的未知非线性函数。使用神经网络模型来近似未知的非线性函数 $q(\cdot)$：

$$q(k-1) = \beta G(a(k-1), u(k-1)) \tag{2.39}$$

式中，$\beta = [\beta_1, \beta_2, \cdots, \beta_L]$ 为输出层权重，L 为隐藏层神经元个数；G 为隐藏层输出激活函数。低阶动态模型 $a(k)$ 可以表示为

$$a(k) = K_1 a(k-1) + K_2 \beta G(a(k-1), u(k-1)) \tag{2.40}$$

对于神经网络模型，有很多辨识算法可以用来辨识模型参数，2.1 节采用的是 BP 算法。BP 算法是一种误差逆向传播算法，需要不停迭代来更新模型的输入权重以及隐藏层阈值，从而使得模型输出误差最小化，其最大的缺点是运算时间长。

此外，这种算法往往会存在许多个局部最优值，需要通过多次随机设定初始值然后运行梯度下降算法来获得全局最优值。本章将采用另外一种算法，即 ELM[93-95] 来辨识模型 (2.40) 的参数。这种方法的主要特点是数学描述简单，可以把一个非线性求解问题转化为一个最小二乘求解问题，因此它的学习速度很快[94]。

定义 $z(k) = \left[a^{\mathrm{T}}(k), u^{\mathrm{T}}(k) \right]^{\mathrm{T}}$，式 (2.40) 可以写成矩阵乘积的形式：

$$a(k) = H^{\mathrm{T}}(k)\theta \tag{2.41}$$

式中，$H(k) = \left[a(k-1), G\left(W_1 z(k-1) + \eta_1 \right), \cdots, G\left(W_L z(k-1) + \eta_L \right) \right]^{\mathrm{T}}$，$W_i(i = 1, 2, \cdots, L)$ 为连接输入层与第 i 个隐藏层节点的输入权重，$\eta_i \in \mathbf{R}(i = 1, 2, \cdots, L)$ 为第 i 个隐藏层节点的阈值；$\theta = [K_1, K_2\beta_1, K_2\beta_2, \cdots, K_2\beta_L]^{\mathrm{T}}$。

使用 ELM 方法，W_i 和 η_i 的值与训练数据无关，它们相互之间独立随机获得，并且一旦被获得，在之后的训练过程中将固定不变。在选定激活函数以后，便可以通过直接计算得到矩阵 $H(k)$。模型 (2.40) 的训练问题可以转化为线性系统 (2.41) 的最小二乘求解问题。因此，式 (2.41) 的未知参数矩阵可以表示为

$$\hat{\theta} = H^{\dagger} A \tag{2.42}$$

式中，$H^{\dagger}$ 为矩阵 H 的伪逆。

2.2.2 模型的推广性界

Rademacher 复杂度是一种刻画假设空间复杂度的方法，可以用来度量实值函数集的丰富程度，也可以用来度量学习机器期望误差的上界[96]。与 Vapnik-Chervonenkis 维理论不同的是，它不仅可以用于二值函数集合的度量，也可以用于其他学习算法的度量，如基于核的学习算法[97]。下面使用 Rademacher 复杂度来度量本节所提出的时空模型的期望误差的上界。本节提出的时空模型可以描述为

$$\hat{T}_N(S, k) = C(S)\left(K_1\hat{a}(k-1) + K_2\beta G(z(k-1)) \right) \tag{2.43}$$

式中，$C(S) = \left[\phi_1^{\mathrm{T}}(S), \cdots, \phi_n^{\mathrm{T}}(S) \right]$。

根据 Rademacher 复杂度，可以得到下面的定理。

定理 2.1 假设 $\forall \hat{T}_n \in H$，$\left\| \hat{T}_n \right\| \leqslant A$ 满足损失函数 $l(\hat{T}_n - T) = \left\| \hat{T}_n - T \right\|^2 \leqslant B$，那么对于任意的 $\delta \in (0,1)$，都存在至少 $1 - \delta$ 的概率使得所有的 $\hat{T}_n \in H$ 都满足

$$L(\hat{T}_n) \leqslant L_{\mathrm{emp}}(\hat{T}_n) + f\left(\text{complexity of } \hat{T}_n, m \right) \tag{2.44}$$

式中，$L(\hat{T}_n)$ 为 $\hat{T}_n$ 的期望误差；$L_{\mathrm{emp}}(\hat{T}_n)$ 为 $\hat{T}_n$ 的经验误差；m 为测试样本的数量。

从定理 2.1 可以看出，模型的推广性界与模型的复杂度和测试样本的数量有关。为了证明定理 2.1，下面给出定理 2.2 和引理 2.1。

定理 2.2　假设 $\forall \hat{T}_n \in H$，$E(\hat{a}) \in Q$，$W(S) = [C(S)K_1,\ C(S)K_2\beta]$ 表示参数矩阵，并且 $\|W(S)\| \leqslant P$，则模型输出集合 H 的 Rademacher 复杂度可以表示为

$$R_m(H) < P(Q+1) \tag{2.45}$$

证明　假设 $\sigma_1, \sigma_2, \cdots, \sigma_m$ 是独立同分布的 Rademacher 随机变量，它们的取值范围是 $\{-1, +1\}$。根据定义，模型输出集合 H 的经验 Rademacher 复杂度可以表示为[97]

$$
\begin{aligned}
\hat{R}_m(H) &= \frac{1}{m} E_\sigma \left(\sup \sum_{k=1}^m \sigma_k \cdot \hat{T}_n(S, k) \right) \\
&= \frac{1}{m} E_\sigma \left\{ \sup \sum_{k=1}^m \sigma_k W(S) \left[\hat{a}(k-1), G(z(k-1)) \right]^{\mathrm{T}} \right\} \\
&= \frac{1}{m} \sup_W \sum_{k=1}^m \|W(S)\| \left\| \left[\hat{a}(k-1), G(z(k-1)) \right]^{\mathrm{T}} \right\| \\
&\leqslant \frac{1}{m} P \cdot \left(\sum_{k=1}^m \left(\|\hat{a}(k-1)\| + \|G(z(k-1))\| \right) \right)
\end{aligned} \tag{2.46}
$$

假设 $\hat{a}(k-1)$ 有界，并且 $\sum_{k=1}^m \|\hat{a}(k-1)\|$ 期望值为 Q，由于 $0 < \|G(z(k-1))\| < 1$，所以有

$$
\begin{aligned}
R_m(H) &= E\left(\hat{R}_m(H) \right) \\
&\leqslant \frac{1}{m} PE \left(\sum_{k=1}^m \left(\|\hat{a}(k-1)\| + \|G(z(k-1))\| \right) \right) \\
&< P(Q+1)
\end{aligned} \tag{2.47}
$$

引理 2.1　假设 $\forall \hat{T}_n \in H$，满足损失函数 $l(\hat{T}_n - T) \in [0, B]$，对于任意 $\delta \in (0,1)$ 满足

$$L(\hat{T}_n) - L_{\mathrm{emp}}(\hat{T}_n) \leqslant 2R_m(l_H) + B\sqrt{\frac{1}{2m} \ln\left(\frac{1}{\delta}\right)} \tag{2.48}$$

式中，l_H 为损失函数集；$R_m(l_H)$ 为损失函数集 l_H 的 Rademacher 复杂度。

引理 2.1 的证明见文献[98]。

利用定理 2.2 和引理 2.1 来证明定理 2.1，证明过程如下。

由于 $\left\|\hat{T}_n - T\right\|^2$ 的 Lipschitz 常数为 $D = 2(A + \|T\|_\infty)$，损失函数集 l_H 的 Rademacher 复杂度可以表示为

$$R_m(l_H) \leqslant 4\left(A + \|T\|_\infty\right)R_m(H) \tag{2.49}$$

根据引理 2.1，对任意的 $\delta \in (0,1)$，存在至少 $1-\delta$ 的概率，对于所有的 $\hat{T}_n \in H$ 都满足

$$L(\hat{T}_n) \leqslant L_{\text{emp}}(\hat{T}_n) + 2R_m(l_H) + B\sqrt{\frac{1}{2m}\ln\left(\frac{1}{\delta}\right)} \tag{2.50}$$

联立式 (2.45)、式 (2.49) 和式 (2.50)，可以得到

$$L(\hat{T}_n) \leqslant L_{\text{emp}}(\hat{T}_n) + 8\left(A + \|T\|_\infty\right)P(Q+1) + B\sqrt{\frac{1}{2m}\ln\left(\frac{1}{\delta}\right)} \tag{2.51}$$

式 (2.51) 右侧最后两项等价于非线性函数 $f(\cdot)$。模型与测试样本数目都确定以后，$f(\cdot)$ 等价成一个常数。定理 2.1 的证明完毕。

2.2.3　仿真研究

为了验证本节所提出方法的模型效果，下面针对第 1 章使用的热过程，即化学反应棒进行仿真研究。仿真所使用的输入输出数据与第 1 章仿真使用的数据完全相同，共有 20×1500 组时空分布数据。其中第 8、12 个传感器的数据用来测试时空模型在未训练位置处的模型精度，其余 18 个传感器的前 400 组实验数据用来训练模型，后 1100 组实验数据用来验证模型在时间方向上的效果。

1. 空间基函数的选择

采用 ISOMAP 方法对 400 组高维时空数据进行降维处理，并获得相应的空间基函数。ISOMAP 方法所选取的近邻点个数为 K=10。最终学习到的空间基函数的阶数为 5，如图 2.21 所示。

2. 低阶时序建模

获得空间基函数后，将 1500 组高维时空数据投影到空间基函数上便可以获得一系列的低阶时序数据。结合反应棒四个执行器的输入信号，使用神经网络模型来近似时间系数的离线模型，并使用 ELM 方法来辨识模型的参数。确定低阶模型后，使用 1100 组测试数据来测试三阶时序模型的拟合效果。其中前两阶低阶时序模型的预测输出与真实输出的对比如图 2.22 和图 2.23 所示。

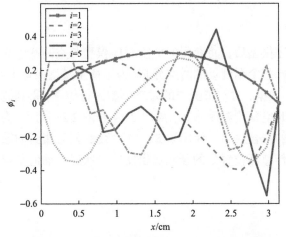

图 2.21　ISOMAP 方法得到的五阶空间基函数

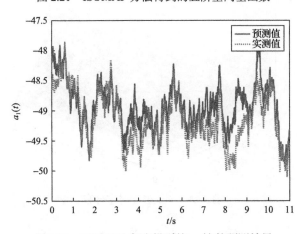

图 2.22　ISOMAP 方法得到的 $a_1(t)$ 的预测效果

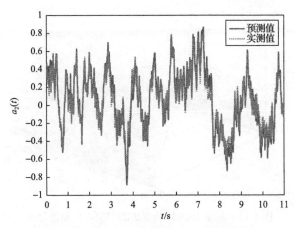

图 2.23　ISOMAP 方法得到的 $a_2(t)$ 的预测效果

3. 时空合成

确定低阶时序模型后，将获得的低阶时序模型与空间基函数进行时空合成，便可以得到反应棒整个温度场的时空分布。为了衡量模型在整个空间的预测效果，使用 1100 组输入数据，对本节提出的时空模型进行仿真，得到测试温度的时空分布以及该模型的时空预测温度分布，如图 2.24 和图 2.25 所示。为了衡量时空模型在未训练位置处的拟合效果，使用第 8、12 个传感器采集到的数据进行验证。时空模型在这两个传感器位置处的预测输出使用三次样条插值获得，最终仿真结果如图 2.26 所示。

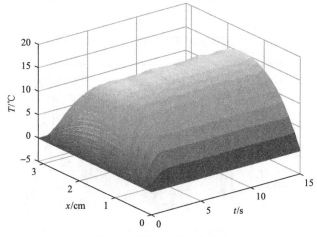

图 2.24　测试温度时空分布

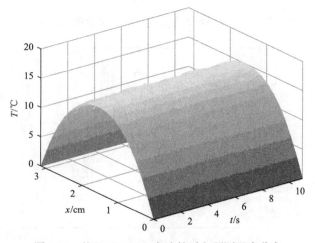

图 2.25　基于 ISOMAP 方法的时空预测温度分布

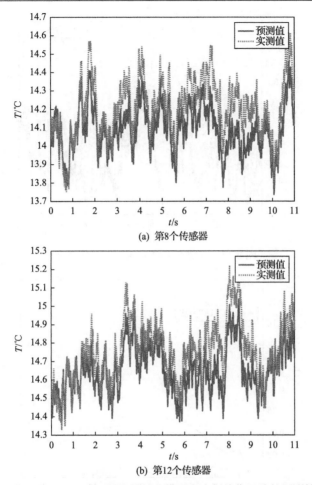

(a) 第8个传感器

(b) 第12个传感器

图 2.26　基于 ISOMAP 方法的时空模型在未训练位置处的预测效果

　　接下来将针对模型精度与运算速度来进一步比较本节提出的方法与 2.1 节所提方法的区别。使用的误差指标为 RMSE、TNAE 和 SNAE。SNAE 和 TNAE 指标对比结果如图 2.27 和图 2.28 所示。RMSE 指标与模型训练仿真时间对比如表 2.2 所示。

4. 仿真结果分析

　　从化学反应棒的仿真结果可以看出，基于 ISOMAP 方法的时空建模方法具有很好的模型效果。由图 2.22 和图 2.23 可以清晰地看出，三层神经网络模型可以很好地拟合低阶时序系列，并精确地预测低阶模型的动态变化特性。从图 2.24 与图 2.25 的对比可以看出，这种时空模型的预测温度分布与实际的温度分布几乎相同，说明该模型可以模拟反应棒温度场分布的动态变化特性，并且具有很好

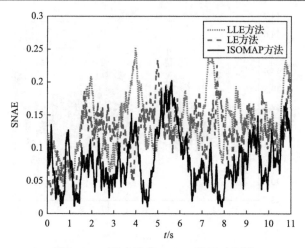

图 2.27 三种方法的 SNAE 指标对比图

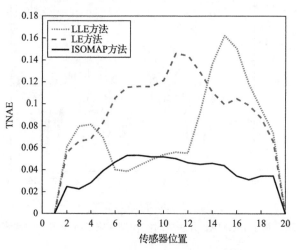

图 2.28 三种方法的 TNAE 指标对比图

表 2.2 三种方法的 RMSE 与运算时间对比

指标	ISOMAP 方法	LLE 方法	LE 方法
RMSE	0.0688	0.1064	0.1331
t/s	6.3025	1.2857	1.3157

的模型效果。图 2.26 表明,该时空模型不仅在时间尺度上具有很好的预测效果,对空间未训练位置处的温度变化同样具有精确的预测效果。从以上这些仿真结果可以看出,ISOMAP 方法可以应用到分布参数系统的建模过程,并且能够取得很好的模型效果。

本节方法与 2.1 节提出的基于局部特征嵌入的非线性时空建模方法的对比,

主要从模型的运算速度与模型的精度来进行。ISOMAP 方法在降维过程中，使用两两测地线距离来表征全局非线性特征，着眼于全局，因此从理论上来说，对于非线性流形结构复杂的系统，它的模型精度应该比 LLE 方法和 LE 方法的模型精度更高。图 2.27、图 2.28 以及表 2.2 的仿真结果可以验证这一结论。LLE 和 LE 方法侧重于局部线性特性，因此保留了线性方法的一些特征，如运算速度快。通过表 2.2 的仿真时间对比可以看出，LLE 和 LE 方法的运算速度是 ISOMAP 方法的 5 倍左右。因此，LLE 和 LE 方法比 ISOMAP 方法更加适合基于模型的在线应用。ISOMAP 方法与 LLE 和 LE 方法的详细区别如表 2.3 所示。

表 2.3　基于局部特征嵌入与等距特征映射方法的对比

对比内容	局部特征嵌入(LLE 和 LE 方法)	等距特征映射(ISOMAP 方法)
算法速度	速度是 ISOMAP 方法的 5 倍左右	较慢
算法精度	局部线性化，与 ISOMAP 方法相比精度较低	全局非线性特征，比局部特征嵌入方法精度要高
算法特点	认为非线性高维数据的所有数据点在局部可由其 K 个近邻点线性加权组合。因此，当新的数据点到来时，不需要重新计算，适合增量学习	使用两两数据点之间的测地线距离表征全局非线性结构。当新的数据点到来时会破坏原有的结构，所以需要重新计算，不适合增量学习
两种算法区别	(1)本质上来说，LLE 方法和 LE 方法属于局部线性化的非线性降维方法；ISOMAP 方法属于全局非线性降维方法 (2)ISOMAP 方法着眼于全局，对于流形结构更加复杂的系统，能更好地保留全局非线性特征，使用更加有效	

2.3　基于双尺度流形学习的非线性时空建模

2.1 节和 2.2 节提出了基于局部特征嵌入和等距特征映射的非线性模型降维方法。这两种方法在模型降维过程中都能保留原始空间的非线性空间结构信息。通过对比实验，可知 2.1 节和 2.2 节提出的模型具有较高的精度和较好的模型性能。然而上述两种方法无论是全局的还是局部的，都只能保留单一类的非线性空间信息，使得流形结构图的构造不够完善，这将导致空间基函数的优化学习过程中缺少部分的非线性流形结构信息。为了解决这一问题，本节提出一种基于双尺度流形学习的非线性时空建模方法。该方法在模型降维过程中能保持局部和全局的非线性结构特性，所构造的流形图可以很好地逼近原空间结构。利用这种方法计算得到合适的空间基函数以后，便可以用 Galerkin 方法来获得低阶时序模型的数学表达形式，其中未知的非线性动态和未知的参数可以用 ELM 来估计，通过时空合成便可以获得一个可用于实时预测的时空模型。本节提出的空间基函数的优化学习方法考虑了局部和全局非线性流形结构信息，因此这种方法比只考虑单个非线性流形结构的 LLE 方法或 ISOMAP 方法具有更好的性能。最后通过实验和仿真结果进一步验证该方法的有效性。

本节内容的特点主要体现在以下三个方面。

(1)提出了一种基于双尺度流形学习的非线性空间基函数最优化学习方法,用于分布参数系统的时空动态建模,其目的是在降维过程中保持更多的非线性流形结构特征(局部和全局空间非线性)。

(2)利用 Galerkin 方法得到低阶时序模型的数学表达形式。

(3)利用 ELM 方法估计低阶时序模型的未知非线性动态和参数。

2.3.1　问题描述

本节研究以单体锂离子电池(lithium-ion battery, LIB)的热动态为例,其热动态属于典型的非线性分布参数系统。由于单体电池在厚度方向上的热通量与在长度和宽度方向的热通量相比可以忽略,本节主要研究 LIB 的二维时空模型。根据传热规律,LIB 的基本传热方程可描述为[75,99,100]

$$\rho c \frac{\partial T}{\partial t} = \frac{\partial}{\partial x}\left(k_x \frac{\partial T}{\partial x}\right) + \frac{\partial}{\partial y}\left(k_y \frac{\partial T}{\partial y}\right) + Q \tag{2.52}$$

边界条件和初始条件描述为

$$-k_X \frac{\partial T}{\partial X}\Big|_{X=x,y} = h\left(T - T_{\text{air}}\right)$$

$$T_0 = T(S,0), \quad S = (x,y)$$

式中,$T(S,t)$ 为 LIB 的时空分布温度,此处为 $t=0$ 的情形;ρ 为 LIB 的密度,kg / m³;c 为 LIB 的比热容,J/(kg·℃);k_x 为沿 x 方向的热导率,W/(m·℃);k_y 为沿 y 方向的热导率,W/(m·℃);Q 为热源,是电池输入电流 I 和测量电压 V 的未知非线性函数;h 为电池表面的对流传热系数,W/(m²·℃);T_{air} 为环境温度。

物理模型(2.52)可以反映电池的热动态特性,但是由于以下原因,它不能直接用于基于模型的应用。

(1)LIB 的热模型具有时空耦合的特点,由于其具有无限维特性,会大大增加计算量。

(2)由于老化、外部扰动、操作条件的变化以及 LIB 的化学性质等因素,模型存在不确定性[74]。

(3)在时间方向和空间方向上都存在很强的非线性。

2.1 节和 2.2 节的研究已经证实 LLE 方法、LE 方法和 ISOMAP 方法可以用于处理非线性分布参数系统。然而,对于空间基函数的学习,2.1 节和 2.2 节所提方法仅考虑单个非线性流形结构特征(局部或全局)。因此,本节将局部和全局非线性流形结构结合起来,提出了一种新的流形学习方法,这种方法对于电池热动态这类复杂非线性分布参数系统的精确建模非常关键。

2.3.2　基于双尺度流形学习的非线性时空建模方法

基于双尺度流形学习的时空建模流程如图 2.29 所示。根据变量分离理论,时空变量可以用式(2.3)所示的时间/空间分离形式来近似表示。

空间基函数是单位正交的,如下所示:

$$\left\langle \phi_i(S), \phi_j(S) \right\rangle = \begin{cases} 0, & i \neq j \\ 1, & i = j \end{cases} \tag{2.53}$$

式中, $\left\langle \phi_i(S), \phi_j(S) \right\rangle$ 为 $\phi_i(S)$ 和 $\phi_j(S)$ 的内积,因此时间系数可以通过式(2.24)计算获得。

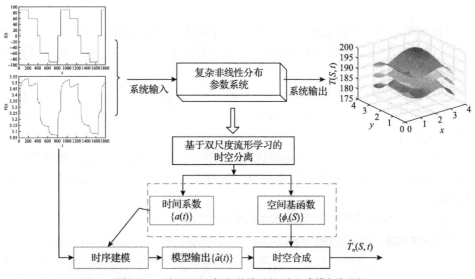

图 2.29　基于双尺度流形学习的时空建模框架图

从式(2.24)可以很容易地发现,用本节所提方法计算的空间基函数可以看成从高维时空数据 $T(S,t)$ 到低维时间系数 $a(t)$ 的投影。首先利用 Galerkin 方法由式(2.52)导出 $a(t)$ 的数学表达式,然后用传统的 ELM 方法辨识未知的模型参数和结构。

1. 基于双尺度流形学习的基函数

本节提出的双尺度流形学习方法框架可概括为以下三个步骤,如图 2.30 所示。

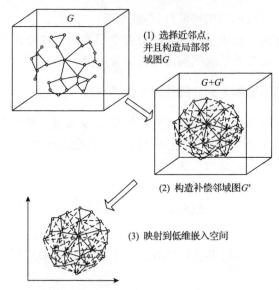

(1) 选择近邻点,
并且构造局部邻
域图 G

(2) 构造补偿邻域图 G^s

(3) 映射到低维嵌入空间

图 2.30　双尺度流形学习方法框架图

(1)选择近邻点并构造局部邻域图 G: 此步骤类似于 LLE 方法[101]。图 2.30 中实线连成的图像表示局部流形结构图, 很容易看出用 LLE 方法构造的邻域图是不完整的。

(2)构造补偿邻域图 G^s: 为了补偿步骤(1)中不完整的邻域图, 对邻域图 G 中所有不连通的任意两个点之间用虚线进行连接。最终构造的完整流形图 $G+G^s$ 可以很好地逼近原始空间。

(3)映射到低维嵌入空间: 构造优化目标函数, 以保留图 $G+G^s$ 中的非线性流形结构特征到低维嵌入空间, 从而得到一组可以代表原始空间非线性结构的空间基函数。

关于双尺度流形学习方法的详细介绍如下。

1) 局部非线性流形结构

局部非线性流形结构从 K-近邻图 G 的构造开始。该方法假设数据结构在局部空间上是线性的, 即给定的任意数据 $T(:,t_i)$ 可以用其 K-近邻点的线性加权组合形式来构造。因此, 可以间接地利用局部线性结构来重构全局非线性流形结构。重构误差可用式(2.54)[84,102]计算:

$$e(W) = \sum_i \left\| T(:,t_i) - \sum_{j=1}^{K} W_{ij} T(:,t_j) \right\|^2 \tag{2.54}$$

上述误差方程应在以下约束条件下最小化: $\sum_{j=1}^{K} W_{ij} = 1$, 如果 $T(:,t_j)$ 不是

$T(:,t_i)$ 的 K-近邻，那么 $W_{ij}=0$。式 (2.54) 的详细解可在文献[101]中找到。

为了保持流形结构，低维嵌入 $a(t)$ 应该具有与式 (2.54) 相同的形式[84]：

$$\varepsilon(W) = \sum_i \left\| a(t_i) - \sum_{j=1}^K W_{ij} a(t_j) \right\|^2 \tag{2.55}$$

通过简单的数学变换，可以将极小化方程 (2.55) 转化为以下优化问题[101]：

$$\arg\min_{\phi} \left(\phi^{\mathrm{T}} T M T^{\mathrm{T}} \phi \right) \tag{2.56}$$

2) 全局非线性流形结构

全局非线性流形结构方法是将成对的测地线距离视为全局非线性流形结构特征，并在模型降维过程将该特征保留在低维嵌入空间中。首先构造 K-近邻图 G 的补偿邻域图 G^s。如果 $T(:,t_i)$ 和 $T(:,t_j)$ 不是图 G 中的 K-近邻点，那么在图 G^s 中将它们连接起来，否则不进行连接。值得注意的是，G^s+G 是一个完整的流形结构图。全局非线性流形结构方法的优化问题可以描述为[88,103]

$$f_{\mathrm{opt}} = \arg\min \sum_{(T(:,t_i),T(:,t_j))\in G^s} \left(d_n\big(a(t_i),a(t_j)\big) - d_M\big(T(:,t_i),T(:,t_j)\big) \right) \tag{2.57}$$

式中，$d_n\big(a(t_i),a(t_j)\big)$ 为在低维嵌入空间中 $a(t_i)$ 和 $a(t_j)$ 之间的欧几里得距离；$d_M\big(T(:,t_i),T(:,t_j)\big)$ 为在原空间 M 中 $T(:,t_i)$ 和 $T(:,t_j)$ 之间的近似测地线距离，通常使用在图 G^s 上计算的最短路径距离 $d_{G^s}\big(T(:,t_i),T(:,t_j)\big)$ 来近似表示测地线距离。

最短路径距离可以计算如下：如果 $T(:,t_i)$ 和 $T(:,t_j)$ 相互连接，那就初始化 $d_{G^s}\big(T(:,t_i),T(:,t_j)\big)=d\big(T(:,t_i),T(:,t_j)\big)$，否则 $d_{G^s}\big(T(:,t_i),T(:,t_j)\big)=\infty$。

定义 D_A 表示欧几里得距离矩阵，将优化问题 (2.57) 转化为以下最小化问题：

$$\left\| \tau(D_{G^s}) - \tau(D_A) \right\|_{L^2} \tag{2.58}$$

式中，$\tau(D_{G^s}) = -\dfrac{HQH}{2}$，$Q$ 可描述为 $\left\{ Q_{ij} = (D_{G^s_{ij}})^2 \right\}$，$H$ 为具有如下形式的中心矩阵：$H = I - \dfrac{1}{L} ee^{\mathrm{T}}$，$I = \mathrm{diag}\underbrace{(1,\cdots,1)}_{L}$，$e = \underbrace{[1,\cdots,1]}_{L}^{\mathrm{T}}$；$\|C\|_{L^2}$ 为 L^2 矩阵形式，计算表达式为 $\|C\|_{L^2} = \sqrt{\sum_{ij} C_{ij}^2}$。

由于 $\tau(D_{G^s})$ 是一个需要估计的矩阵，优化问题 (2.58) 可以转化为式 (2.59) 所示的最大化问题[103]：

$$\arg\max_{\phi}\left(2\phi^{\mathrm{T}}T\tau(D_{G^s})T^{\mathrm{T}}\phi - \phi^{\mathrm{T}}TT^{\mathrm{T}}\phi\phi^{\mathrm{T}}TT^{\mathrm{T}}\phi\right) \tag{2.59}$$

3）非线性空间基函数最优化学习

由以上描述可知，本节提出的双尺度流形学习方法的优化问题可以表示为

$$\arg\max_{\phi}\left[\alpha\left(2\phi^{\mathrm{T}}T\tau(D_{G^s})T^{\mathrm{T}}\phi - \phi^{\mathrm{T}}TT^{\mathrm{T}}\phi\phi^{\mathrm{T}}TT^{\mathrm{T}}\phi\right) - \beta\phi^{\mathrm{T}}TMT^{\mathrm{T}}\phi\right] \tag{2.60}$$

式中，α 和 β 为平衡局部和全局非线性空间信息权重的尺度因子。

为了消除模型简化过程中的任意缩放因子，定义一个约束条件：

$$\phi^{\mathrm{T}}TT^{\mathrm{T}}\phi = 1 \tag{2.61}$$

式 (2.59) 可以转化成

$$\arg\max_{\phi^{\mathrm{T}}TT^{\mathrm{T}}\phi=1}\left[\phi^{\mathrm{T}}T\left(\alpha\tau(D_{G^s}) - \beta M\right)T^{\mathrm{T}}\phi - \alpha\right] \tag{2.62}$$

利用以下广义特征值问题的最大特征值解，可以给出使上述方程最大化的空间基函数：

$$T\left(\alpha\tau(D_{G^s}) - \beta M\right)T^{\mathrm{T}}\phi = \lambda TT^{\mathrm{T}}\phi \tag{2.63}$$

利用遗传算法（genetic algorithm，GA）对尺度因子 α 和 β 进行优化。GA 的适应度函数可以作为重构误差的均方根误差，其数学描述如下：

$$\mathrm{RMSE} = \sqrt{\frac{1}{nL}\sum_{i=1}^{n}\sum_{t=1}^{L}\left(T(S_i,t) - T_n(S_i,t)\right)^2} \tag{2.64}$$

式中，$T_n(S_i,t)$ 为重构时空数据。

备注 2.1　双尺度流形学习方法提供了一种广义的能够保持局部和全局非线性流形的结构特征的学习框架。将不同的局部流形学习和全局流形学习方法相互结合，可以得到不同的双尺度流形学习方法。

备注 2.2　α 和 β 是平衡非线性空间信息贡献的两个尺度因子。如果 α 或者 β 取零值，则可以将该双尺度流形学习方法转化为局部或全局的流形学习方法。也就是说，基于局部或全局的流形学习方法可以看成本节所提方法的特例。

4）学习步骤

该算法的学习步骤可以总结如下。

步骤 1：邻域图和补偿邻域图的构造。首先，构造 K-近邻图 G。给定任意两

点 $T(:,t_i)$ 和 $T(:,t_j)$，如果 $T(:,t_j)$ 是 $T(:,t_i)$ 的 K-近邻点，则使用一条边将它们相连，否则不连接。图 G 构造完成后，补偿邻域图 G^s 便很容易构造完成。在图 G 中，对于任意两个点，如果它们没有连接，则在图 G^s 中使用边进行连接，否则不连接。最终，导出的图 $G+G^s$ 是一个完整的流形结构图，它可以表征原始空间中的非线性流形结构。

步骤 2：计算局部线性权重和最短路径。在邻域图 G 中，计算局部权重 W 以便任意一点都从其 K-近邻点来重构，并且计算相应的矩阵 M。在补充图 G^s 中，计算最短路径 D_{G^s} 及其相应的矩阵 $\tau(D_{G^s})$。

步骤 3：计算空间基函数。通过求解以下特征值-特征向量问题，可以获得基函数：

$$T\left(\alpha\tau(D_{G^s}) - \beta M\right)T^{\mathrm{T}}\phi = \lambda TT^{\mathrm{T}}\phi \tag{2.65}$$

式中，前 n 个最大特征值对应的特征向量可以选为空间基函数。

2. 低阶时序模型的构建

利用得到的空间基函数，通过 Galerkin 方法[104]来推导低阶时序模型 $a_i(t)$ 的数学表达式。首先将式(2.3)代入物理模型(2.52)，方程残值可以表示为

$$R = \frac{\partial T_n}{\partial t} - \left(k_0\frac{\partial^2 T_n}{\partial x^2} + k_1\frac{\partial^2 T_n}{\partial y^2} + k_2 Q_n(S,t)\right) \tag{2.66}$$

采用 Galerkin 方法，可得到

$$\int R\phi_j(S)\mathrm{d}\Omega = 0 \tag{2.67}$$

式中，Ω 为空间操作域。

然后进一步得到以下方程：

$$\int\left[\frac{\partial T_n}{\partial t}\phi_j(S) - \left(k_0\frac{\partial^2 T_n}{\partial x^2} + k_1\frac{\partial^2 T_n}{\partial y^2} + k_2 Q_n(S,t)\right)\phi_j(S)\right]\mathrm{d}\Omega = 0 \tag{2.68}$$

结合式(2.3)和式(2.53)，式(2.68)的第一项可以改写为

$$\int\frac{\partial T_n}{\partial t}\phi_j(S)\mathrm{d}\Omega = \int\frac{\partial\sum\limits_{i=1}^{n}\phi_i(S)a_i(t)}{\partial t}\phi_j(S)\mathrm{d}\Omega = \dot{a}_j(t) \tag{2.69}$$

式(2.68)的第二项可以转化为

$$\int k_0 \frac{\partial^2 T_n}{\partial x^2}\phi_j(S)\mathrm{d}\Omega = \int k_0 \frac{\partial^2 \sum\limits_{i=1}^{n}\phi_i(S)a_i(t)}{\partial x^2}\phi_j(S)\mathrm{d}\Omega = \int k_0 \sum\limits_{i=1}^{n}\frac{\partial^2 \phi_i(S)}{\partial x^2}\phi_j(S)\mathrm{d}\Omega \cdot a_i(t)$$

$$(2.70)$$

式 (2.68) 的最后一项可以写成

$$\int k_2 Q_n(S,t)\phi_j(S)\mathrm{d}\Omega = k_2 q_j(t) \tag{2.71}$$

式中，$q_j(t)$ 为 Q 的低维代表。

结合式 (2.68) ～式 (2.71)，并且将下标 i 和 j 替换，可以很容易地得到

$$\dot{a}_i(t) = \sum_{j=1}^{n} k_{ij} a_j(t) + k_{2i} q_i(t) \tag{2.72}$$

式中，$k_{ij} = \int \left[k_0 \left(\partial^2 \phi_j \big/ \partial x^2 \right) + k_1 \left(\partial^2 \phi_j \big/ \partial y^2 \right) \right] \phi_i \mathrm{d}\Omega,\, j = 1,2,\cdots,n$。

为了实际应用的需要，对式 (2.72) 进行离散化，如下所示：

$$a_i(k+1) = \sum_{j=1}^{n} \bar{k}_{ij} a_j(k) + \bar{k}_{2i} q_i(k) \tag{2.73}$$

式中，$\bar{k}_{ij} = 1 + \Delta t k_{ij}$ 和 $\bar{k}_{2i} = \Delta t k_{2i}$ 为常数，Δt 为采样间隔。

接着将式 (2.73) 进一步写成以下形式：

$$a(k) = K_1 a(k-1) + K_2 q(k-1) \tag{2.74}$$

式中，$a(k) = \left[a_1(k), a_2(k), \cdots, a_n(k) \right]^{\mathrm{T}}$；$K_1 = \left\{ \bar{k}_{ij} \right\}_{n \times n}$；$K_2 = \mathrm{diag}(\bar{k}_{21}, \bar{k}_{22}, \cdots, \bar{k}_{2n})$；$q(k) = \left[q_1(k), q_2(k), \cdots, q_n(k) \right]^{\mathrm{T}}$。

式 (2.74) 中的未知非线性函数 $q(k)$ 可以使用单隐藏层前馈神经网络 (single-hidden layer feedforward neural network，SLFN) 来近似，则 $a(k)$ 可以表示为[94]

$$a(k) = K_1 a(k-1) + K_2 \sum_{p=1}^{N} \beta_p G\big(\omega_p \cdot z(k-1) + \eta_p \big) \tag{2.75}$$

式中，N 为 SLFN 的神经元数；β_p 为连接输出神经元和对应的隐藏层神经元的输出权重；ω_p 为连接输入神经元和对应隐藏层神经元的输入权重；η_p 为对应隐藏层神经元的阈值；$G(\cdot)$ 为隐藏层输出的激活函数；$z(k) = \left[I(k),\, V(k) \right]^{\mathrm{T}}$。

最后用 ELM 方法辨识式 (2.75) 中的未知参数[75,105,106]。

3. 时空模型重构

结合确定的低阶时序模型和非线性空间基函数，最终时空动态模型可以通过以下方式进行重构获得：

$$\hat{a}(t) = H(t-1)\hat{\theta} \tag{2.76}$$

$$\hat{T}_n(x,y,t) = \sum_{i=1}^{n} \phi_i(x,y)\hat{a}_i(t) \tag{2.77}$$

2.3.3　仿真研究

为了验证本节提出方法的有效性，针对 60Ah LiFePO$_4$ 单体锂离子电池热过程进行实时实验和仿真验证。电池的详细结构如图 2.31 所示，其中 i_p 和 i_n 表示电池正极和负极的线性电流密度向量，J 表示电流密度。由于单体锂离子电池沿厚度方向的热分布可以忽略，可以将电池的热过程视为二维分布参数系统，如图 2.32

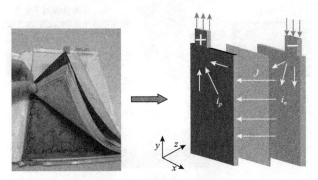

图 2.31　LIB 结构简图

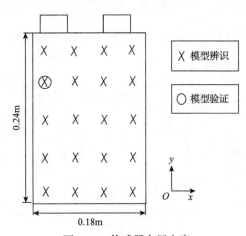

图 2.32　传感器布置方案

所示。在该实验中，共有 20 个相同的热电偶传感器均匀地布置在电池表面，用于温度数据的采集。如图 2.32 所示，"X" 符号的传感器收集到的数据用来进行模型辨识，而 "O" 符号的传感器收集到的数据用来进行模型验证。单体锂离子电池由集成电池测试仪的电池热系统(battery thermal system, BTS)、恒温箱、电池管理系统(battery management system, BMS)和上位机进行循环充放电实验，如图 2.33 所示。输入电流和相应的测量电压通过电池测试仪测量获得。恒温箱可为电池的工作过程提供 25℃的恒定环境温度。

为了充分激励电池的热动态，需要设计合适的输入信号[75]。类似于文献[107]，本节设计的多步输入电流信号如图 2.34(a)所示。整个热过程持续 5400s。用电池测试仪测量相应的输出电压，如图 2.34(b)所示，它将作为输入信号，与输入电流一起用于模型的估计。本实验共采集了 5400 组温度数据作为时空输出，其中前 3600 组数据用于模型估计，后 1800 组数据用于模型测试。为了观察电池温度场的分布情况，选取 t =1800s 和 t =3600s 的温度分布，如图 2.35 所示。

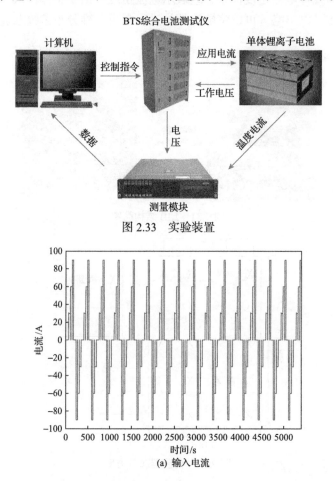

图 2.33　实验装置

(a) 输入电流

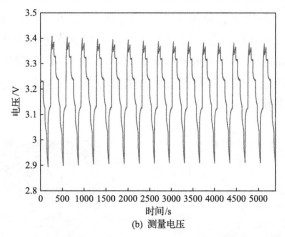

(b) 测量电压

图 2.34　用于模型估计的电流和电压信号

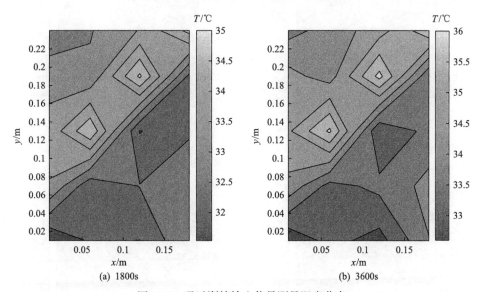

(a) 1800s　　　　　　　　　　　　　(b) 3600s

图 2.35　通过训练输入信号测量温度分布

建模过程的第一步是采用双尺度流形学习方法获取一组空间基函数。这里选择五阶空间基函数进行模型降维,其中第一阶和第五阶空间基函数如图 2.36 所示。

空间基函数学习完成以后,采用 Galerkin 方法求出低阶时间模型的数学表达式,并使用 ELM 方法辨识模型的未知结构和参数。最后参照式(2.76)和式(2.77)进行时空合成,可以重构得到最终的时空模型。为了测试模型的性能,使用后 1800 组数据输入电流进行模型测试。使用 $t=4200s$ 和 $t=5400s$ 时的绝对预测误差分布来观察模型的预测性能。仿真结果如图 2.37 和图 2.38 所示。仿真结果表明,该方法能够很好地重构电池系统的时空动态。

　　为了验证模型的性能，将本节提出的方法与 LLE 方法、ISOMAP 方法和 Karhunen-Loève 方法进行比较。LLE 方法、ISOMAP 方法在模型降维过程中只考虑单个非线性空间信息，Karhunen-Loève 方法采用线性模型降维技术。因此，本节提出的方法在理论上应该比其他三种方法更准确。接下来，将通过仿真比较来验证该结论是否正确。

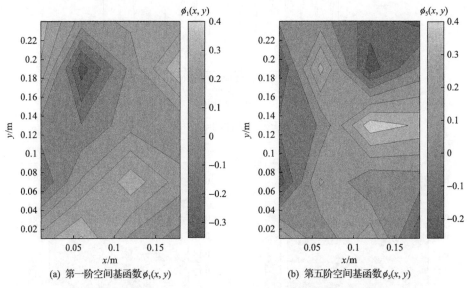

(a) 第一阶空间基函数 $\phi_1(x, y)$　　　　　　(b) 第五阶空间基函数 $\phi_5(x, y)$

图 2.36　基于双尺度流形学习的空间基函数

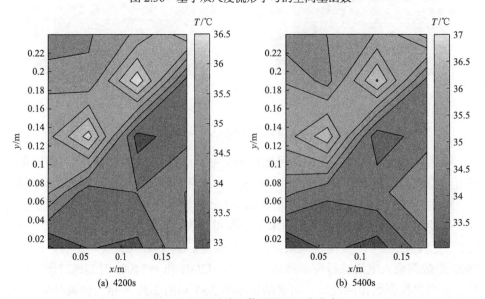

(a) 4200s　　　　　　　　　　(b) 5400s

图 2.37　用测试输入信号测量温度分布

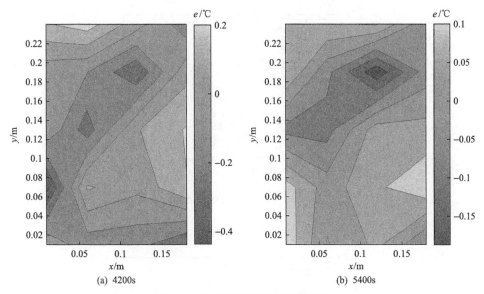

图 2.38 本节所提模型的预测误差 e

  首先,对四种方法的总计算时间和最大预测误差(在 4200s 时和 5400s 时)进行比较,如表 2.4 所示。结果表明,本节提出的方法具有较好的泛化性能和较高的精度。其次,对带有"○"符号的传感器的温度变化进行比较,以评价时空模型在电池表面未训练位置的模型预测性能。图 2.39 给出了四种方法使用绝对相对误差(absolute relative error, ARE)指标的预测误差分布。四种方法的 SNAE 和 TNAE 结果分别如图 2.40 和图 2.41 所示。从以上仿真结果看,本节提出的方法能够显著提高模型的预测性能。由于在模型降维过程中该方法充分结合了局部和全局这两种尺度下的非线性空间信息,使用该方法获得的时空模型可以更加准确地揭示原始空间的时空动态特性。最后,使用 RMSE 误差指标进行对比,如图 2.42 所示。很显然,本节提出的方法在仅有一个基函数的建模过程中依然具有很好的效果。因此,本节提出的方法不仅具有很高的模型精度,其受基函数数目的影响也比较小。

表 2.4   在 4200s 和 5400s 时刻的总计算时间和最大预测误差对比

时间	最大预测误差			
	本节提出的方法	LLE 方法	ISOMAP 方法	Karhunen-Loève 方法
4200s	0.12	0.14	0.14	0.15
5400s	0.30	0.55	0.5	0.60
总计算时间	40.21	1.20	39.01	0.93

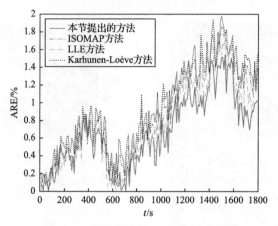

图 2.39　四种方法的 ARE 指标对比图

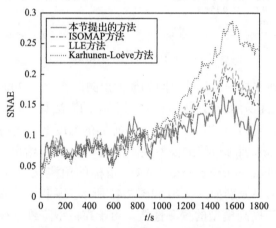

图 2.40　四种方法的 SNAE 指标对比图

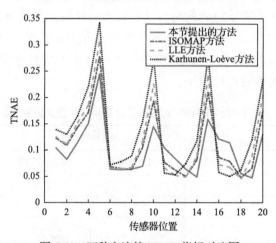

图 2.41　四种方法的 TNAE 指标对比图

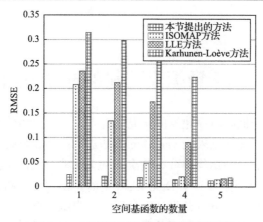

图 2.42　四种方法的 RMSE 指标对比图

2.4　本章小结

本章针对分布参数系统的空间非线性分布问题，提出了一种基于流形学习的非线性时空建模策略，主要通过 LLE (2.1 节)、LE (2.1 节)、ISOMAP (2.2 节)这三种方法来表征系统的非线性空间结构。其中，LLE 与 LE 属于局部非线性降维方法，ISOMAP 属于全局非线性降维方法。这种建模策略的主要步骤是：首先，使用流形学习方法对高维数据进行降维处理，并获得有限个可以表征空间非线性特征的空间基函数；将高维时空数据向空间基函数进行投影，可以获得时间方向上的低维数据。然后，用传统的三层 BP 神经网络模型或者 ELM 模型近似低阶时序动态特征。最后，通过确定的时序模型与空间基函数来重构获得原系统的时空分布模型。这种建模策略不仅可用于温度场预测，还可用于基于模型的控制器设计。与传统的 Karhunen-Loève 方法相比，流形学习方法可以表征系统的非线性结构特征，因此得到的空间基函数更能反映空间的非线性特征，具有更好的模型效果。化学反应棒的仿真分析结果表明，这三种流形学习方法可以应用到分布参数系统的建模过程中，并且这三种模型都具有很好的预测效果。此外，本章还对 ISOMAP 方法与 LLE 方法进行了仿真对比分析，主要侧重于两种方法的建模精度与运算速度，根据这两种方法的降维过程与思想来分析它们各自的一些特点，并从理论分析上得出了 ISOMAP 方法比 LLE 方法模型精度高但运算速度慢的结论。最终的仿真对比也很好地验证了这一结论，可为这两种方法的应用提供一定的指导。

为了能够在降维过程中同时保留系统的全局和局部非线性特征，2.3 节提出了一种基于双尺度流形学习的时空建模方法。该方法融合 LLE 和 ISOMAP 学习的特点，可以在降维过程中尽可能多地保留原始空间的非线性信息，从而进一步提高最终时空模型的精度。基于锂离子电池的实时实验和仿真验证了该方法的性能。

第3章 基于数据学习机的非线性时空模型

本章主要侧重于低阶时序建模的研究。首先,针对典型传热过程的偏微分方程,进行时空变量分离并且采用 Galerkin 方法进行截断,最终获得的低阶名义模型可以近似成两个非线性结构部分;其次,基于这种非线性结构特征,提出基于 Dual LS-SVM 的时空模型和基于 Dual ELM 的时空模型,这两种模型将与输入和输出信号相关的非线性部分分开设计,最后统一辨识;再次,基于这种新型的低阶时序模型,构建基于数据学习机的非线性时空模型;最后,针对芯片固化炉的仿真研究验证这种建模方法的有效性。

3.1 基于 Dual LS-SVM 的时空建模

对于分布参数系统建模,模型的精度主要依赖两个方面,即空间基函数的学习以及低阶时序模型的辨识。第 1、2 章主要针对空间基函数的学习过程,介绍了机器学习领域中常用的三种降维方法,并把这三种方法成功应用到了分布参数系统的建模过程中。学习好空间基函数后,如何获得精确的低阶时序模型对分布参数系统的模型精度非常重要。传统的神经网络[62]、支持向量机[70]、ELM[72]等都可以用来近似低阶时序模型,并且取得了很好的模型效果,然而这些方法完全基于数据,并未考虑低阶时序模型的内在结构,因此它们只能适用于一般的分布参数系统。大部分工业热过程一般具有复杂的非线性结构,并且这种复杂的非线性结构可以分解为两部分,即与输入信号和输出信号有关的两个非线性部分。因此,根据原系统固有的结构特征来设计合适的模型结构,对于提高分布参数系统模型的精度具有重要意义。本节主要根据系统固有的双非线性特征设计一种 Dual LS-SVW 结构[108]。它由两个 LS-SVM 串联在一起,这两个 LS-SVM 可以分别近似原系统的两种非线性结构。因此,这种模型理论上比传统的 LS-SVM 具有更好的拟合效果,本章将使用电子封装过程中关键的设备芯片固化炉来验证模型的有效性。

3.1.1 问题描述

大部分的工业热过程都属于非线性分布参数系统,它们的物理模型通常可用偏微分方程来表示,并且这种方程一般难以确定。根据传热规律[109],热过程的基本热传递方程可以写为

$$\rho c \frac{\partial T}{\partial t} = \frac{\partial}{\partial x}\left(\underline{k}\frac{\partial T}{\partial x}\right) + \frac{\partial}{\partial y}\left(\underline{k}\frac{\partial T}{\partial y}\right) + \frac{\partial}{\partial z}\left(\underline{k}\frac{\partial T}{\partial z}\right) + f_c(T) + f_r(T) + \rho Q \tag{3.1}$$

假设其具有齐次边界条件:

$$\begin{aligned}
\frac{\partial T}{\partial x}\bigg|_{x=0} &= 0, \quad \frac{\partial T}{\partial x}\bigg|_{x=x_0} = 0 \\
\frac{\partial T}{\partial y}\bigg|_{y=0} &= 0, \quad \frac{\partial T}{\partial y}\bigg|_{y=y_0} = 0 \\
\frac{\partial T}{\partial z}\bigg|_{z=0} &= 0, \quad \frac{\partial T}{\partial z}\bigg|_{z=z_0} = 0
\end{aligned} \tag{3.2}$$

初始条件为

$$T_0 = T(x, y, z, 0)$$

式中, $T(x, y, z, t)$ 为点 (x, y, z) 在 t 时刻的温度, $x \in [0, x_0]$、$y \in [0, y_0]$ 和 $z \in [0, z_0]$ 为空间坐标; c 为比热容, J/(kg·℃); $f_c(T)$ 和 $f_r(T)$ 分别为热对流和热传递对温度分布的影响; Q 为加热源, $Q = Q(x, y, z, t)$; ρ 为密度, kg/m³; $\underline{k}$ 为导热系数, W/(m·℃)。

由式(3.1)可以明显看出, 方程的右侧具有两个非线性部分: 一个是关于温度 T 的非线性函数 $f_c(T) + f_r(T)$, 另一个是关于输入信号的非线性函数 ρQ。

式(3.1)中的导热系数 $\underline{k}$ 和密度 ρ 是随温度变化而产生变化的量, 它们关于温度的表达式为

$$\underline{k} = k_0 + \bar{k}(T), \quad \rho = \frac{\rho_0}{1 + \bar{\rho}(T)}$$

式中, k_0 和 ρ_0 为这两个参量的初始值; $\bar{k}(T)$ 和 $\bar{\rho}(T)$ 是关于温度 $T(x, y, z, t)$ 的函数。

式(3.1)可以重新写为

$$\frac{\partial T}{\partial t} = k_1 \nabla^2 T + F(T) + \frac{1}{c}Q \tag{3.3}$$

式中, $\nabla^2 = \frac{\partial^2}{\partial x^2} + \frac{\partial^2}{\partial y^2} + \frac{\partial^2}{\partial z^2}$ 为拉普拉斯积分算子; $k_1 = \frac{k_0}{\rho_0 c}$ 是一个常数; $F(T) =$

$$\frac{k_0 \bar{\rho}(T)}{\rho_0 c} \nabla^2 T + \frac{1 + \bar{\rho}(T)}{\rho_0 c}\left(\bar{k}(T)\nabla^2 T + \frac{\partial \bar{k}(T)}{\partial x}\frac{\partial T}{\partial x} + \frac{\partial \bar{k}(T)}{\partial y}\frac{\partial T}{\partial y} + \frac{\partial \bar{k}(T)}{\partial z}\frac{\partial T}{\partial z} + f_c(T) + f_r(T)\right)$$

是关于 T 的一个未知的非线性函数。很显然, 式(3.3)的右侧有两个非线性函数

$F(\cdot)$ 和 $Q(\cdot)$，其中 $Q(\cdot)$ 是关于输入 $u(t) = \left[u_1(t), u_2(t), \cdots, u_{n_u}(t)\right]^{\mathrm{T}}$ 的非线性函数。

式 (3.3) 描述的偏微分方程具有无限维特征，所以不能直接用于在线预测和控制。为了实际应用，有必要建立一个有限维的常微分方程描述的模型。利用基于数据的 Karhunen-Loève 方法，时空变量 $T(x, y, z, t)$ 可以分解成基函数 $\{\phi_i(x, y, z)\}_{i=1}^{\infty}$ 与其相应的时间系数 $\{a_i(t)\}_{i=1}^{\infty}$ 相乘的形式，本书研究的抛物型分布参数系统具有快慢尺度的特性，快尺度下的动态常常忽略不计，慢尺度的动态可以表示为

$$T_n(x, y, z, t) = \sum_{i=1}^{n} \phi_i(x, y, z) a_i(t) \tag{3.4}$$

$$Q_n(x, y, z, t) = \sum_{i=1}^{n} \phi_i(x, y, z) b_i(t) \tag{3.5}$$

式中，n 为常微分方程 (ordinary differential equation, ODE) 模型的阶数；$b_i(t)$ 为关于输入 $u(t)$ 的非线性函数。

把式 (3.4) 和式 (3.5) 代入式 (3.3)，方程残值可以表示为

$$R = \frac{\partial T_n}{\partial t} - k_1 \nabla^2 T_n - F(T_n) - \frac{1}{c} Q \tag{3.6}$$

根据 Galerkin 方法[104]，需最小化残值方程 (3.6)，即

$$(R, \phi_i) = 0 \tag{3.7}$$

经过简单的数学运算，可以得到

$$\dot{a}_i(t) = \sum_{j=1}^{n} k_{ij} a_j(t) + \tilde{F}_i\big(a_1(t), a_2(t), \cdots, a_n(t)\big) + \bar{k}_{2i} b_i(t) \tag{3.8}$$

式中，$k_{ij} = \int \left(k_1 \nabla^2 \phi_j\right) \phi_i \mathrm{d}\Omega (j = 1, 2, \cdots, n)$，$\Omega$ 代表空间域 $(0 \leqslant x \leqslant x_0, 0 \leqslant y \leqslant y_0, 0 \leqslant z \leqslant z_0)$；$\bar{k}_{2i} = \int \frac{1}{c} \phi_i \mathrm{d}\Omega$；$\tilde{F}_i\big(a_1(t), a_2(t), \cdots, a_n(t)\big) = \int F(T_n)\, \phi_i \mathrm{d}\Omega$。

忽略各个低阶模型之间的耦合影响，式 (3.8) 可以简化为

$$\dot{a}_i(t) = k_{ii} a_i(t) + \tilde{F}_i\big(a_i(t)\big) + \bar{k}_{2i} b_i(t) \tag{3.9}$$

将式 (3.9) 写成一般的离散形式，即

$$a_i(t) = \tilde{k}_{ii} a_i(t-1) + \tilde{F}_i\big(a_i(t-1)\big) + \tilde{k}_{2i} b_i(t-1) \tag{3.10}$$

式中，$\tilde{k}_{ii}=1+\Delta t k_{ii}$；$\tilde{k}_{2i}=\Delta t \overline{k}_{2i}$，$\Delta t$ 是离散间隔。

定义以下两个非线性函数：

$$g^i(a_i(t)) = \tilde{k}_{ii}a_i(t) + \tilde{F}_i\left(a_i(t)\right), \quad h^i\left(u(t)\right) = \overline{k}_{2i}b_i(t)$$

式 (3.10) 可以表示为

$$a_i(t) = g^i\left(a_i(t-1)\right) + h^i(u(t-1)) \tag{3.11}$$

很显然，热过程的低阶常微分方程模型可以近似分解成两个独立的非线性模块，与式 (3.1) 右侧的两个非线性模块刚好对应。它的结构如图 3.1 所示，其中 q 表示前移算子。为了更精确地近似具有这种结构的动态特性，所设计的模型应当具有相似的双重非线性结构。

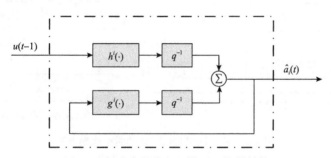

图 3.1　低阶常微分方程模型 $a_i(t)$ 的结构

根据以上分析，一般的热过程都属于非线性无限维系统。为了对这种系统建模，第 2 章提出了三种降维方法，本节将采用 LLE 方法对这种系统进行时空分离与降维处理。之所以选择 LLE 方法主要是基于以下两点。

(1) LLE 方法的运算速度快，约是 ISOMAP 方法的 5 倍。虽然建模精度没有 ISOMAP 方法高，但是基本满足模型的精度要求。

(2) LLE 方法是基于局部线性特征的方法，因此当有新的数据点进来以后，无须对所有高维数据进行重新计算，只需计算新来的数据点的局部线性特征即可。而 ISOMAP 方法属于全局的非线性降维方法，新的数据点到来会改变全局的非线性结构特征，因此需要对所有数据进行重新学习。综上所述，LLE 方法更加适合在线连续学习。

首先用 LLE 方法学习可以表征空间非线性特征的基函数，然后采用 Galerkin 方法得到一系列低阶模型。再根据低阶模型的双非线性结构特征，设计一个具有两个非线性模块结构的模型来更好地逼近原模型。每一个非线性模块都可以用基于 LS-SVM、NN 等传统方法的模型来分别近似。本节将两个 LS-SVM 串联在一起来逼近原模型结构。

3.1.2 基于 Dual LS-SVM 的时空建模方法

基于 Dual LS-SVM 的时空建模方法如图 3.2 所示。我们的目的是根据输入 $\{u(t)\}_{t=1}^{L}$ 和输出 $\left\{T(x,y,z,t)\middle|x=1,2,\cdots,n_x,y=1,2,\cdots,n_y,z=1,2,\cdots,n_z,t=1,2,\cdots,L\right\}$ 建立一个适当的时空分布模型。其中，n_x、n_y、n_z 表示 x、y、z 三个方向上的传感器数量，L 表示时间长度。

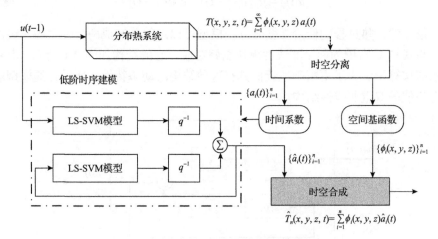

图 3.2　基于 Dual LS-SVM 的时空建模方法

由于实验测得的输出数据是时空分布数据，先对时空分布数据进行处理，以获得低阶模型输出数据，这样才能进一步辨识低阶模型参数。定义正交投影算子 P:

$$a(t) = PT(:,t) = \left(\phi, \sum_{i=1}^{\infty}\phi_i(\cdot)a_i(t)\right) = \sum_{i=1}^{\infty}(\phi,\phi_i(\cdot))a_i(t) \tag{3.12}$$

式中，$\phi = [\phi_1, \phi_2, \cdots, \phi_n]^{\mathrm{T}}$。

由于基函数 $\phi_i(i=1,2,\cdots,\infty)$ 是单位正交的，式 (3.12) 的解为

$$a(t) = [a_1(t), \cdots, a_i(t), \cdots, a_n(t)]^{\mathrm{T}}$$

LS-SVM 方法的思想是通过一个非线性映射函数把样本数据投影到更高维的特征空间，从而把一个非线性问题转化成高维特征空间的线性问题[110]。式 (3.11) 中的每个未知非线性函数都用 LS-SVM 方法来逼近，如下所示：

$$g^i\left(a_i(t-1)\right) = \omega_g^{i\,\mathrm{T}}\varphi_g^i\left(a_i(t-1)\right) + d_g^i \tag{3.13}$$

$$h^i(u(t-1)) = \omega_h^{i\,\mathrm{T}}\varphi_h^i(u(t-1)) + d_h^i \tag{3.14}$$

式(3.11)可以重新写为

$$a_i(t) = \omega_g^{i\,\mathrm{T}}\varphi_g^i\left(a_i(t-1)\right) + d_g^i + \omega_h^{i\,\mathrm{T}}\varphi_h^i(u(t-1)) + d_h^i \tag{3.15}$$

式中，φ_g^i 和 φ_h^i 为两个 LS-SVM 对应的映射函数；$\omega_g^i \in \mathbf{R}$ 和 $\omega_h^i \in \mathbf{R}^{n_u}$ 为相应的权重；d_g^i 和 d_h^i 为相应的阈值项。式(3.15)中所有的映射函数和相应的权重都需要辨识得到。

根据 LS-SVM 的相关理论[111]，式(3.15)的优化方程如下：

$$\min_{\omega_g^i, d_g^i, \omega_h^i, d_h^i, e} J(\omega_g^i, \omega_h^i, e(t)) = \frac{1}{2}\omega_g^{i\,\mathrm{T}}\omega_g^i + \frac{1}{2}\omega_h^{i\,\mathrm{T}}\omega_h^i + \frac{C}{2}\sum_{t=2}^{L}e^2(t) \tag{3.16}$$

式中，C 为正则化系数；$e(t)$ 为预测误差。

式(3.16)的约束条件为

$$\begin{cases} \omega_g^{i\,\mathrm{T}}\varphi_g^i\left(a_i(t-1)\right) + \omega_h^{i\,\mathrm{T}}\varphi_h^i(u(t-1)) + d_g^i + d_h^i + e(t) - a_i(t) = 0 \\ \sum_{t=1}^{L}\omega_g^{i\,\mathrm{T}}\varphi_g^i\left(a_i(t)\right) = 0 \\ \sum_{t=1}^{L}\omega_h^{i\,\mathrm{T}}\varphi_h^i(u(t)) = 0 \end{cases} \tag{3.17}$$

与传统 LS-SVM 的约束条件不同的是，Dual LS-SVM 的约束条件多了后两个等式约束。这两个等式约束的目的是最小化每一个 LS-SVM 的近似误差。为了求解上面的等式约束方程，构造拉格朗日函数：

$$\begin{aligned} L\left(\omega_g^i, d_g^i, \omega_h^i, d_h^i, e, \theta^i, \beta^i, \gamma^i\right) &= J\left(\omega_g^i, \omega_h^i, e\right) - \beta^i\sum_{t=1}^{L}\omega_g^{i\,\mathrm{T}}\varphi_g^i\left(a_i(t)\right) - \gamma^i\sum_{t=1}^{L}\omega_h^{i\,\mathrm{T}}\varphi_h^i(u(t)) \\ &\quad - \sum_{t=2}^{L}\theta_t^i\Big[\omega_g^{i\,\mathrm{T}}\varphi_g^i\left(a_i(t-1)\right) + \omega_h^{i\,\mathrm{T}}\varphi_h^i(u(t-1)) \\ &\quad + d_g^i + d_h^i + e(t) - a_i(t)\Big] \end{aligned} \tag{3.18}$$

式中，$\theta^i = \left[\theta_2^i, \theta_3^i, \cdots, \theta_t^i, \cdots, \theta_L^i\right]^{\mathrm{T}}$；$\beta^i$、$\gamma^i$ 是需要求解的拉格朗日乘子。式(3.18)对所有的未知参数求导，并令导数等于零：

$$\frac{\partial L}{\partial \omega_g^i} = 0 \rightarrow \omega_g^i = \beta^i \sum_{t=1}^{L} \varphi_g^i\left(a_i(t)\right) + \sum_{t=2}^{L} \theta_t^i \varphi_g^i\left(a_i(t-1)\right)$$

$$\frac{\partial L}{\partial \omega_h^i} = 0 \rightarrow \omega_h^i = \gamma^i \sum_{t=1}^{L} \varphi_h^i(u(t)) + \sum_{t=2}^{L} \theta_t^i \varphi_h^i(u(t-1))$$

$$\frac{\partial L}{\partial d_g^i} = 0 \rightarrow -\sum_{t=2}^{L} \theta_t^i = 0$$

$$\frac{\partial L}{\partial d_h^i} = 0 \rightarrow -\sum_{t=2}^{L} \theta_t^i = 0$$

$$\frac{\partial L}{\partial \beta^i} = 0 \rightarrow \sum_{t=1}^{L} \omega_g^{i\,\mathrm{T}} \varphi_g^i\left(a_i(t)\right) = 0$$

$$\frac{\partial L}{\partial \gamma^i} = 0 \rightarrow \sum_{t=1}^{L} \omega_h^{i\,\mathrm{T}} \varphi_h^i(u(t)) = 0$$

$$\frac{\partial L}{\partial e} = 0 \rightarrow Ce(t) = \theta_t^i$$

$$\frac{\partial L}{\partial \theta_t^i} = 0 \rightarrow \ \omega_g^{i\,\mathrm{T}} \varphi_g^i\left(a_i(t-1)\right) + \omega_h^{i\,\mathrm{T}} \varphi_h^i(u(t-1)) + d_g^i + d_h^i + e(t) = a_i(t)$$

$$(3.19)$$

对式 (3.19) 进行简单的数学运算并消除 ω_g^i、ω_h^i、$e(t)$ 后，式 (3.19) 可以转化成以下线性矩阵相乘的形式：

$$
\begin{bmatrix}
0 & 0 & 1_{L-1}^{\mathrm{T}} & 0 & 0 \\
0 & 0 & 1_{L-1}^{\mathrm{T}} & 0 & 0 \\
1_{L-1} & 1_{L-1} & A+B+I_{L-1}/C & D & H \\
0 & 0 & D^{\mathrm{T}} & 1_L^{\mathrm{T}} Z_{a_i} 1_L \cdot I & 0 \\
0 & 0 & H^{\mathrm{T}} & 0 & 1_L^{\mathrm{T}} Z_u 1_L \cdot I
\end{bmatrix}
\cdot
\begin{bmatrix}
d_g^i \\
d_h^i \\
\theta^i \\
\beta^i \\
\gamma^i
\end{bmatrix}
=
\begin{bmatrix}
0 \\
0 \\
a_i \\
0 \\
0
\end{bmatrix}
\quad (3.20)
$$

式中省略了矩阵的维数，具体如下：

$$A_{(L-1)\times(L-1)} = \varphi_g^{i\,\mathrm{T}}\left(a_i(\tau-1)\right) \varphi_g^i\left(a_i(t-1)\right), \ \ \tau,t = 2,3,\cdots,L$$

$$B_{(L-1)\times(L-1)} = \varphi_h^{i\,\mathrm{T}}(u(\tau-1)) \varphi_h^i(u(t-1)), \ \ \tau,t = 2,3,\cdots L$$

$$D_{(L-1)\times 1} = \sum_{\tau=1}^{L} \varphi_g^{i\,\mathrm{T}}\left(a_i(\tau)\right) \varphi_g^i\left(a_i(t-1)\right), \ t = 2,3,\cdots,L$$

$$H_{(L-1)\times 1} = \sum_{\tau=1}^{L} \varphi_h^{i\,\mathrm{T}}(u(\tau)) \varphi_h^i(u(t-1)) 1, \ t = 2,3,\cdots,L$$

$$Z_{u(L \times L)}(\tau, t) = \varphi_h^{i\,\mathrm{T}}(u(\tau))\varphi_h^i(u(t)), \quad \tau, t = 1, 2, \cdots, L$$

$$Z_{a_i(L \times L)}(\tau, t) = \varphi_g^{i\,\mathrm{T}}(a_i(\tau))\varphi_g^i(a_i(t)), \quad \tau, t = 1, 2, \cdots, L$$

$$1_{L-1} = \underbrace{[1, 1, \cdots, 1]}_{L-1}^{\mathrm{T}}, \quad 1_L = \underbrace{[1, 1, \cdots, 1]}_{L}, \quad a_i = [a_i(2), \cdots, a_i(L)]^{\mathrm{T}}$$

根据 Mercer 定理，内积 $\varphi_g^{i\,\mathrm{T}}(v_1)\varphi_g^i(v_2)$ 和 $\varphi_h^{i\,\mathrm{T}}(v_1)\varphi_h^i(v_2)$ 可以用核函数 $K(v_1, v_2)$ 来计算，其中 v_1 和 v_2 是两个任意的变量。核函数的形式有很多种[112]，本章选用径向基函数(radial basis function, RBF)，其表达式为

$$K(v_1, v_2) = \exp\left\{-\|v_1 - v_2\|_2^2 / \sigma^2\right\} \tag{3.21}$$

式中，σ 为核宽度。

给定核函数后，基于 Dual LS-SVM 的时空模型为

$$
\begin{aligned}
\hat{a}_i(t) = {}& \beta^i \cdot \sum_{\tau=1}^L K_g^i\left(a_i(\tau), \hat{a}_i(t-1)\right) + \sum_{\tau=2}^L \theta_\tau^i K_g^i\left(a_i(\tau-1), \hat{a}_i(t-1)\right) \\
& + \gamma^i \cdot \sum_{\tau=1}^L K_h^i(u(\tau), u(t-1)) + \sum_{\tau=2}^L \theta_\tau^i K_h^i(u(\tau-1), u(t-1)) + d_g^i + d_h^i
\end{aligned}
\tag{3.22}
$$

式中，未知参数 θ_τ^i、β^i、γ^i、d_g^i、d_h^i 可以通过式(3.20)求得。

获得低阶时序模型后，便可重构得到一个时空分布模型：

$$\hat{T}_n(x, y, z, t) = \sum_{i=1}^n \phi_i(x, y, z)\hat{a}_i(t) \tag{3.23}$$

3.1.3　模型的推广性界

本章针对低阶时序建模过程提出一种新型的基于 Dual LS-SVM 的时空模型。与基于 LS-SVM 的时空模型相同，基于 Dual LS-SVM 的时空模型也是基于核的学习算法。下面使用第 2 章研究的 Rademacher 复杂度来度量本节所提出的时空模型的期望误差的上界。首先给出以下两个引理。

引理 3.1　假定 $\hat{T}_n \in H$，$\|\hat{T}_n\| \leqslant A$ 满足损失函数 $l(\hat{T}_n - T) = \left\|\hat{T}_n - T\right\|^2 \in [0, B]$，那么对于任意的 $\delta \in (0, 1)$，都存在至少 $1 - \delta$ 的概率使得所有的 $\hat{T}_n \in H$ 都满足

$$L(\hat{T}_n) - L_{\mathrm{emp}}(\hat{T}_n) \leqslant 2R_m(\ell_H) + B\sqrt{\frac{1}{2m}\ln\left(\frac{1}{\delta}\right)} \tag{3.24}$$

式中，$L(\hat{T}_n)$ 为 $\hat{T}_n$ 的期望误差；$L_{emp}(\hat{T}_n)$ 为 $\hat{T}_n$ 的经验误差；ℓ_H 为损失函数集合，$R_m(\ell_H)$ 为损失函数集 ℓ_H 的 Rademacher 复杂度。

引理 3.2　假定 $\hat{T}_n \in H$，$\max\left(\left\|\omega_g^i\right\|, \left\|\omega_h^i\right\|\right) \leqslant P^i$，$P^i$ 为一常数，则模型函数集 H 的 Rademacher 复杂度可以表示成

$$R_m(H) \leqslant \frac{1}{m} \sum_{i=1}^{n} P^i \left(\sqrt{\mathrm{Tr}(K_i)} + \sqrt{\mathrm{Tr}(\tilde{K})}\right) + \sum_{i=1}^{n} \left|d_g^i + d_h^i\right| \tag{3.25}$$

证明　假定 $\sigma_1, \sigma_2, \cdots, \sigma_m$ 是独立同分布的 Rademacher 随机变量，它们的取值范围是 $\{-1, +1\}$。根据定义，模型输出集合 H 的经验 Rademacher 复杂度可以表示如下：

$$
\begin{aligned}
\hat{R}_m(H) &= \frac{1}{m} E_{\sigma} \left[\sup_{\max\left(\left\|\omega_g^i\right\|, \left\|\omega_h^i\right\|\right) \leqslant P^i} \sum_{t=1}^{m} \sigma_t \cdot \hat{T}_n(:, t) \right] \\
&= \frac{1}{m} E_{\sigma} \left[\sup_{\max\left(\left\|\omega_g^i\right\|, \left\|\omega_h^i\right\|\right) \leqslant P^i} \sum_{t=1}^{m} \sigma_t \sum_{i=1}^{n} \phi_i \cdot \left(\left\langle \omega_g^i \cdot \varphi_g^i \right\rangle + \left\langle \omega_h^i \cdot \varphi_h^i \right\rangle + d_g^i + d_h^i \right) \right] \\
&\leqslant \frac{1}{m} \sup_{\max\left(\left\|\omega_g^i\right\|, \left\|\omega_h^i\right\|\right) \leqslant P^i} \sum_{t=1}^{m} \sum_{i=1}^{n} \phi_i \cdot \left(\left\langle \omega_g^i \cdot \varphi_g^i \right\rangle + \left\langle \omega_h^i \cdot \varphi_h^i \right\rangle + d_g^i + d_h^i \right) \\
&\leqslant \frac{1}{m} \sup_{\max\left(\left\|\omega_g^i\right\|, \left\|\omega_h^i\right\|\right) \leqslant P^i} \sum_{i=1}^{n} \left\|\phi_i\right\| \cdot \left\|\sum_{t=1}^{m} \left(\left\langle \omega_g^i \cdot \varphi_g^i \right\rangle + \left\langle \omega_h^i \cdot \varphi_h^i \right\rangle + d_g^i + d_h^i \right)\right\| \\
&\leqslant \frac{1}{m} \sup_{\max\left(\left\|\omega_g^i\right\|, \left\|\omega_h^i\right\|\right) \leqslant P^i} \sum_{i=1}^{n} \left\|\sum_{t=1}^{m} \left(\left\langle \omega_g^i \cdot \varphi_g^i \right\rangle + \left\langle \omega_h^i \cdot \varphi_h^i \right\rangle \right)\right\| + \sum_{i=1}^{n} \left|d_g^i + d_h^i\right| \\
&\leqslant \frac{1}{m} \sum_{i=1}^{n} P^i \left(\left\|\sum_{t=1}^{m} \varphi_g^i\right\| + \left\|\sum_{t=1}^{m} \varphi_h^i\right\| \right) + \sum_{i=1}^{n} \left|d_g^i + d_h^i\right| \\
&= \frac{1}{m} \sum_{i=1}^{n} P^i \left[\left(\sum_{t=1}^{m} K_i(a_i(t), a_i(t))\right)^{\frac{1}{2}} + \left(\sum_{t=1}^{m} \tilde{K}_i(u(t), u(t))\right)^{\frac{1}{2}} \right] + \sum_{i=1}^{n} \left|d_g^i + d_h^i\right|
\end{aligned} \tag{3.26}
$$

即

$$\hat{R}_m(H) \leqslant \frac{1}{m} \sum_{i=1}^{n} P^i \left[\left(\sum_{t=1}^{m} K_i(a_i(t), a_i(t))\right)^{\frac{1}{2}} + \left(\sum_{t=1}^{m} K_i(u(t), u(t))\right)^{\frac{1}{2}} \right] + \sum_{i=1}^{n} \left|d_g^i + d_h^i\right| \tag{3.27}$$

因此

$$
\begin{aligned}
R_m(H) &= E\left(\hat{R}_m(H)\right) \\
&\leqslant \frac{1}{m}\sum_{i=1}^{n}P^i\left\{\sqrt{E\left[\sum_{t=1}^{L}K_i\left(a_i(t),a_i(t)\right)\right]}+\sqrt{E\left[\sum_{t=1}^{L}\tilde{K}_i(u(t),u(t))\right]}\right\}+\sum_{i=1}^{n}\left|d_g^i+d_h^i\right| \\
&= \frac{1}{m}\sum_{i=1}^{n}P^i\left(\sqrt{\mathrm{Tr}(K_i)}+\sqrt{\mathrm{Tr}(\tilde{K}_i)}\right)+\sum_{i=1}^{n}\left|d_g^i+d_h^i\right|
\end{aligned}
$$

$$(3.28)$$

式 中 ， $K_i\left(a_i(t),a_i(t)\right)=\mathrm{diag}\left\{K_i(a_i(1),a_i(1)),\cdots,K_i(a_i(m),a_i(m))\right\}$；$\tilde{K}_i(u(t),u(t))=\mathrm{diag}\left\{\tilde{K}_i(u(1),u(1)),\cdots,\tilde{K}_i(u(m),u(m))\right\}$。

根据以上两个引理，可以得到定理 3.1。

定理 3.1　假定 $\forall \hat{T}_n \in H$，$\left\|\hat{T}_n\right\| \leqslant A$ 满足损失函数 $l(\hat{T}_n-T)=\left\|\hat{T}_n-T\right\|^2 \in [0,B]$，$\left\|\beta_i\right\| \leqslant P_i$，$P_i$ 为一个正常数，若测试样本个数为 m，那么对任意的 $\delta \in (0,1)$，存在至少 $1-\delta$ 的概率，对于所有的 $\hat{T}_n \in H$ 都满足

$$
\begin{aligned}
L(\hat{T}_n) &\leqslant L_{\mathrm{emp}}(\hat{T}_n)+\frac{8}{m}(A+\|T\|_{\infty})\left[\sum_{i=1}^{n}P^i\left(\sqrt{\mathrm{Tr}(K_i)}+\sqrt{\mathrm{Tr}(\tilde{K}_i)}\right)\right. \\
&\left.+m\sum_{i=1}^{n}\left|d_g^i+d_h^i\right|\right]+B\sqrt{\frac{1}{2m}\ln\left(\frac{1}{\delta}\right)}
\end{aligned}
$$

$$(3.29)$$

证明　由于 $\left\|\hat{T}_n-T\right\|^2$ 的 Lipschitz 常数为 $D=2\left(A+\|T\|_{\infty}\right)$，损失函数集 ℓ_H 的 Rademacher 复杂度可以表示成

$$
R_m(\ell_H) \leqslant 4\left(A+\|T\|_{\infty}\right)R_m(H)
$$

$$(3.30)$$

根据引理 3.1，对任意的 $\delta \in (0,1)$，存在至少 $1-\delta$ 的概率，对于所有的 $\hat{T}_n \in H$ 都满足

$$
L(\hat{T}_n) \leqslant L_{\mathrm{emp}}(\hat{T}_n)+2R_m(\ell_H)+B\sqrt{\frac{1}{2m}\ln\left(\frac{1}{\delta}\right)}
$$

$$(3.31)$$

联立式 (3.25)、式 (3.30) 和式 (3.31)，可以得到

$$L(\hat{T}_n) \leqslant L_{\text{emp}}(\hat{T}_n) + \frac{8}{m}\left(A + \|T\|_\infty\right)\left[\sum_{i=1}^{n} P^i\left(\sqrt{\text{Tr}(K_i)} + \sqrt{\text{Tr}(\tilde{K}_i)}\right)\right.$$
$$\left. + m\sum_{i=1}^{n}\left|d_g^i + d_h^i\right|\right] + B\sqrt{\frac{1}{2m}\ln\left(\frac{1}{\delta}\right)} \tag{3.32}$$

3.1.4　仿真研究

　　固化是电子封装过程中一个极为关键的环节，芯片固化的好坏直接决定芯片最终的质量及其寿命。固化过程所使用的设备是固化炉，其实物图如图 3.3 所示。由于固化过程的边界条件非常复杂以及内部未知扰动的影响，很难获得固化过程的精确偏微分方程描述。虽然根据热传递规律，可以大致获得固化炉的偏微分方程结构，但是仍有许多模型参数无法获得。因此，基于数据的时空分布模型对于固化过程的温度管理具有非常重要的意义。如图 3.4 所示，放置在引线框架上的芯片通过固化炉腔内的四个加热模块加热。本实验的热过程可以看成一个二维的分布参数系统。

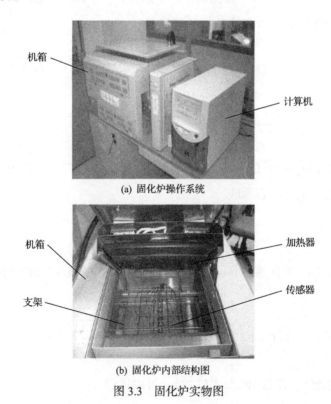

(a) 固化炉操作系统

(b) 固化炉内部结构图

图 3.3　固化炉实物图

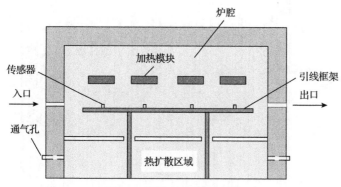

图 3.4　固化炉结构原理图

在固化炉实验过程中，有四个相同规格的加热器(每个加热器功率为 700W)和 16 个相同规格的热电偶均匀地布置在加热器下方 5mm 的同一水平面上。热电偶传感器的详细位置如图 3.5 所示。

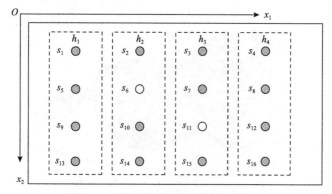

图 3.5　固化炉内热电偶传感器的位置

在实验过程当中，每个加热器都由一个脉宽调制(pulse width modulation, PWM)信号以及一个功率放大器来控制，其中第二个加热模块的控制输入信号如图 3.6 所示。实验输出温度信号用 dSPACE 实时仿真平台来采集。采样间隔为 $\Delta t = 10\text{s}$。每个传感器都采集了 2100 组实验数据。其中，传感器 1~5、7~10、12~16 的实验数据用来确定模型，传感器 6 和 11 的实验数据用来测试该模型在未训练位置处的性能表现。

1. 空间基函数的选择

在时空建模过程中，空间基函数的学习采用 LLE 方法，近邻点的个数选为 13，空间基函数的阶数为 3。最终获得的三个空间基函数如图 3.7 所示。

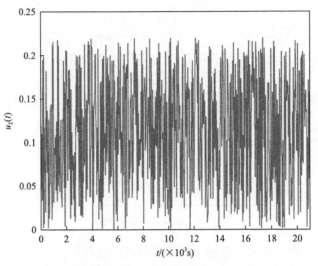

图 3.6 第二个加热模块的控制输入信号

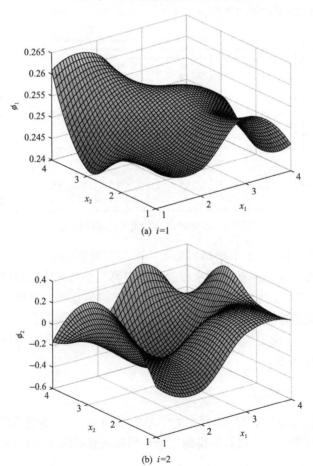

(a) $i=1$

(b) $i=2$

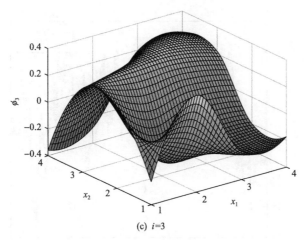

(c) $i=3$

图 3.7　LLE 方法获得的空间基函数

2. 低阶时序建模

获得空间基函数后,把传感器 $1\sim5$、$7\sim10$、$12\sim16$ 的前 1500 组高维时空数据投影到空间基函数上便可以获得一系列的低阶时序数据。结合四个加热模块的输入信号,使用本节提出的基于 Dual LS-SVM 的时空模型来拟合时间系数。模型确定后,使用训练数据与测试数据测试三阶模型的预测效果。模型的预测输出与真实输出的对比如图 3.8 所示。从图中可以看出,本节提出的基于 Dual LS-SVM 的时空模型具有很好的预测效果。

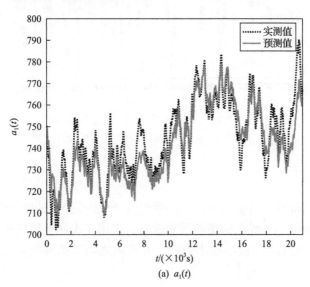

(a) $a_1(t)$

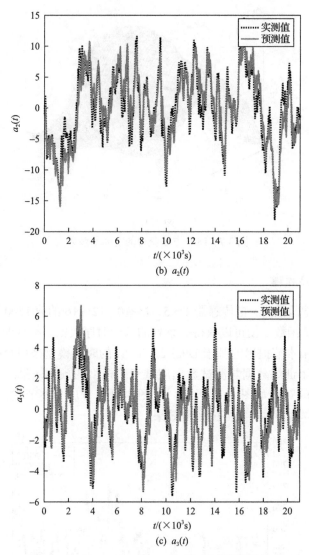

(b)　$a_2(t)$

(c)　$a_3(t)$

图 3.8　基于 Dual LS-SVM 的时空模型的预测效果

3. 时空合成

把获得的低阶时序模型与空间基函数时空合成，便可以得到整个温度场的时空分布。为了验证本节提出模型的预测效果，采用三次样条插值法来得到未训练位置(传感器 s_6 和 s_{11})的模型输出数据，并且将之与实验数据对比，如图 3.9 和图 3.10 所示。

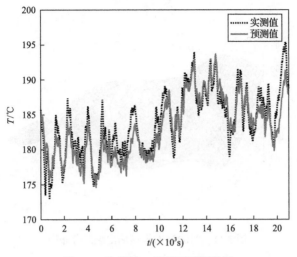

图 3.9　传感器 s_6 的模型预测效果

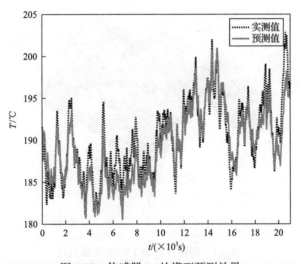

图 3.10　传感器 s_{11} 的模型预测效果

为了衡量时空模型在空间域内的效果，利用 ARE 指标，选取最后一个采样时间点（21000s 时），观察模型的输出温度场分布与其 ARE 分布，仿真结果分别如图 3.11 和图 3.12 所示。

4. 仿真对比

为了进一步验证本节提出模型的精度，在相同的实验条件下，采用 LS-SVM 方法来辨识低阶时序模型，并通过时空分离来重构得到最终的时空分布模型。使用测试数据来测试这两种模型，它们的 RMSE 分别为 1.9710（Dual LS-SVM）和 2.8571（LS-SVM）。TNAE 指标对比如表 3.1 所示。

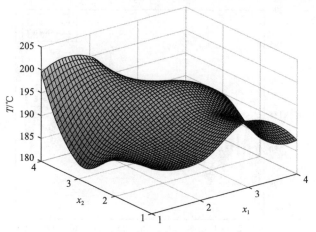

图 3.11　21000s 时模型输出温度分布图

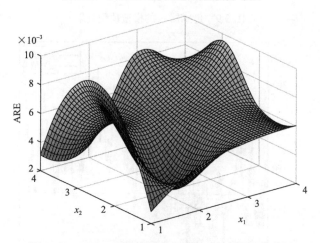

图 3.12　21000s 时模型输出温度的 ARE 指标分布图

表 3.1　两种方法的 TNAE 指标对比

方法	s_1	s_2	s_3	s_4	s_5	s_6	s_7	s_8
Dual LS-SVM	1.48	1.49	1.67	1.68	1.58	1.55	1.69	1.69
LS-SVM	2.03	2.08	1.71	1.75	2.61	2.20	1.76	1.77
方法	s_9	s_{10}	s_{11}	s_{12}	s_{13}	s_{14}	s_{15}	s_{16}
Dual LS-SVM	1.75	1.53	1.54	1.74	1.69	1.59	1.72	1.55
LS-SVM	2.90	2.33	2.35	2.83	2.55	2.37	2.71	2.31

　　为了验证这两种模型在未训练位置处的模型精度，选取两个传感器 s_6 和 s_{11} 的数据利用误差指标 ARE 和 R^2 关系来衡量，仿真结果如图 3.13、图 3.14 和表 3.2 所示。

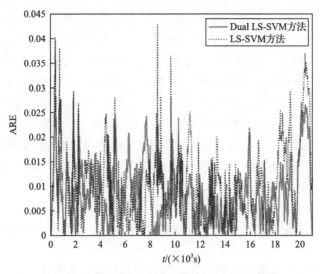

图 3.13　传感器 s_6 处的误差指标 ARE 对比图

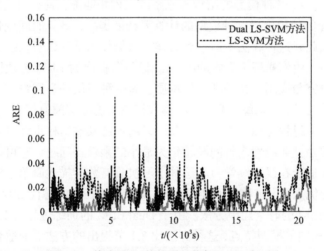

图 3.14　传感器 s_{11} 处的误差指标 ARE 对比图

表 3.2　传感器 s_6 和 s_{11} 处的误差指标 R^2 对比

传感器位置	Dual LS-SVM 方法	LS-SVM 方法
s_6	0.8529	0.7645
s_{11}	0.8481	0.7534

5. 仿真结果分析

从固化炉的仿真结果可以看出，基于 Dual LS-SVM 的时空建模方法具有很好的模型效果。由图 3.8 可以清晰地看出，基于 Dual LS-SVM 的时空模型可以很好地逼近低阶时序数据，并精确预测低阶模型的动态变化特性。图 3.9 和图 3.10 表示这种时空模型在未训练位置处(传感器 s_6 和 s_{11})的模型预测效果，模型的输出采用三次样条插值得到。由图可以明显看出，这种时空模型对于未训练区域的温度动态变化依然具有很好的预测效果。图 3.11 和图 3.12 表示 21000s 时的模型预测温度分布及其 ARE 分布，从图中可以看出，ARE 分布控制在 1%以内，相当于实际温度在 190℃左右时，模型预测温度误差不超过 2℃，基本满足模型的精度要求。从这些仿真结果可以看出，本节设计的基于 Dual LS-SVM 的时空建模方法具有很小的建模误差；这种时空模型不仅可以预测空间温度场的分布，也能够对空间任意一点的温度动态变化进行预测。

3.2　基于 Dual ELM 的分布参数系统快速建模

3.1 节针对分布参数系统的内在非线性结构特征，设计了一种基于 Dual LS-SVM 的时空模型。这种模型的结构与原系统结构相匹配，具有很高的精度。然而两个 LS-SVM 的使用使得这种模型的计算复杂度提高，计算时间变长，在线连续计算困难。因此，这种算法不适宜对大样本数据集的学习以及在线应用。在传统的建模技术中，由南洋理工大学的 Huang 等[93-95]提出的 ELM 方法以其运算速度快而被广泛研究与应用。这种学习机本质上是一种三层神经网络，与传统的三层神经网络不同的是，在训练过程中，其输入权重与隐藏层阈值相互独立随机产生，并且它们的产生过程与训练数据集无关，只需训练其输出权重即可。此外，由于它的训练过程是把非线性求解问题转化为最小二乘求解问题，它可以获得全局最优解，也更加适合在线连续学习。这种学习机具有数学描述简单、模型精度高、运算速度快等优点，也被称为万能逼近器。本节将用 ELM 替代 LS-SVM，提出一种基于 Dual ELM 的时空建模方法。由于 Dual ELM 的训练过程与 ELM 相似，它具有与 ELM 相同的模型特点，这种方法比 3.1 节提出的方法更加适合在线预测与控制。

3.2.1　传统的 ELM 建模方法

ELM 本质上属于单隐藏层前馈神经网络，如图 3.15 所示。与 LS-SVM 方法类似，它也是一种基于数据的方法。理论上，它可以以任意精度逼近任意非线性函数，即具有万能逼近能力。与传统神经网络不同的是，在训练过程中，ELM 的输入层权重与隐藏层阈值是随机确定的，一旦确定下来，在接下来的训练过程中将固定不变。因此，在隐藏层神经单元个数与隐藏层输出激活函数选定后，只有输出层的权重需要学习，而输出层权重的学习过程本质上是一个最小二乘的求解问题。ELM 的巧妙之处在于它可以把一个非线性学习问题转化为线性学习问题，大大降低了运算复杂度，减少了运算时间。此外，ELM 的求解问题可以转化为最小二乘问题，因此它更加适合在线连续计算[113]。

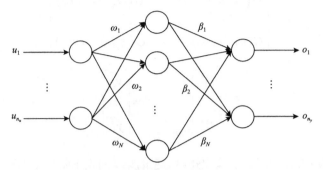

图 3.15　单隐藏层前馈神经网络

给定一组输入输出数据集：$\left\{(u_t, y_t) \middle| u_t \in \mathbf{R}^{n_u}, y_t \in \mathbf{R}^{n_y}, t = 1, 2, \cdots, L\right\}$，其中 n_u 和 n_y 分别表示模型输入层和输出层神经单元的个数。用 N 表示输出数据的采样个数，则含有 N 个隐藏层节点的单隐藏层前馈神经网络模型的输出函数可以表示为

$$\sum_{i=1}^{N} \beta_i G(\omega_i \cdot u_t + \eta_i) = o_t, \quad t = 1, 2, \cdots, L \tag{3.33}$$

式中，$\beta_i = \left[\beta_{i1}, \beta_{i2}, \cdots, \beta_{in_y}\right]^{\mathrm{T}}$ 为连接第 i 个隐藏层节点与输出层的输出权重向量；$\omega_i = \left[\omega_{i1}, \omega_{i2}, \cdots, \omega_{in_u}\right]^{\mathrm{T}}$ 为连接第 i 个隐藏层节点与输入层的输入权重向量；η_i 为第 i 个隐藏层节点的阈值；o_t 为模型在 t 时刻的输出值；$\omega_i \cdot u_t$ 为 ω_i 与 u_t 的内积；$G(\cdot)$ 为隐藏层的输出激活函数，一般选为 S 型函数（Sigmoid function）或者径向基函数。

ELM 具有万能逼近能力，它的思想是可以以零误差逼近任意一个连续非线性目标函数[93]，即 $\sum\limits_{t=1}^{L} \|o_t - y_t\| = 0$，其中 $\|\cdot\|$ 表示 Frobenius 范数，即存在参数 ω_i、η_i 和 β_i 使得式（3.34）成立：

$$\sum_{i=1}^{N} \beta_i G(\omega_i \cdot u_t + \eta_i) = y_t, \quad t = 1, 2, \cdots, L \tag{3.34}$$

式（3.34）中的 L 个方程可以转化为以下矩阵乘积形式：

$$H \cdot \beta = Y \tag{3.35}$$

式中，

$$H = \begin{bmatrix} G(\omega_1 \cdot u_1 + \eta_1) & \cdots & G(\omega_N \cdot u_1 + \eta_N) \\ \vdots & & \vdots \\ G(\omega_1 \cdot u_L + \eta_1) & \cdots & G(\omega_N \cdot u_L + \eta_N) \end{bmatrix}_{L \times N} \tag{3.36}$$

$$\beta = \begin{bmatrix} \beta_1^{\mathrm{T}} \\ \vdots \\ \beta_N^{\mathrm{T}} \end{bmatrix}_{N \times n_y}, \quad Y = \begin{bmatrix} y_1^{\mathrm{T}} \\ \vdots \\ y_L^{\mathrm{T}} \end{bmatrix}_{L \times n_y} \tag{3.37}$$

矩阵 H 为 ELM 的隐藏层输出矩阵，它的第 i 列表示隐藏层的第 i 个节点的输出向量，它的第 j 列表示第 j 时刻的隐藏层输出向量。在 ELM 的参数辨识过程中，输入权重 ω_i、隐藏层阈值 η_i 都是随机产生的，与训练数据无关。因此，在隐藏层节点个数与隐藏层输出激活函数选择好后，只有输出权重 β_i 这一变量是未知的。它的解可以通过式(3.35)求逆获得，如下所示：

$$\hat{\beta} = H^\dagger Y \tag{3.38}$$

式中，$H^\dagger$ 为矩阵 H 的 Moore-Penrose 广义逆。

ELM 已经被证明是一种非常有效的基于数据的建模方法。近几年关于 ELM 的研究与应用也发展迅速，这主要依赖于它的以下几个优势：①数学描述简单；②计算复杂度低；③学习速度快；④为万能逼近器。

本节将在 3.1 节的基础上，用 ELM 代替 LS-SVM 来设计与原系统结构相匹配的低阶时序模型，最终目的是在保证模型精度的前提下，尽可能提高模型的训练速度以节约运算时间成本。

3.2.2　基于 Dual ELM 的时空建模方法

基于 Dual ELM 的分布参数系统建模方法如图 3.16 所示，与 3.1 节的建模思想一致。

首先，通过实验或仿真得到时空分布数据，采用基于数据的 LLE 方法获得合适阶数的空间基函数。然后，把时空分布数据向学习到的空间基函数进行投影，从而得到一系列的低阶时序数据，由于低阶时序动态特性与 3.1 节得到的一致，也具有双非线性结构，设计一个基于 Dual ELM 的时空模型来近似低阶时序动态特性，并辨识模型的参数。最后，使用时空合成重构出原系统的时空分布模型。由于 Dual ELM 继承了 ELM 运算速度快的优点，本节提出的建模方法将比 3.1 节提出的建模方法更加高效，也更加适合于在线应用。

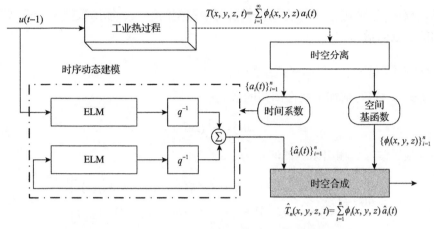

图 3.16　基于 Dual ELM 的分布参数系统建模方法

1. 基于 Dual ELM 的时空模型

低阶时序模型具有如式(3.11)所示的数学形式。为了简化数学描述过程，令 $a(t)=a_i(t)$，$g(\cdot)=g^i(\cdot)$，$h(\cdot)=h^i(\cdot)$，则式(3.11)可以重新写成

$$a(t) = g(a(t-1)) + h(u(t-1)) \tag{3.39}$$

把式(3.39)中的两个非线性函数分别用 ELM 模型来近似，如下所示：

$$g(a(t)) = \sum_{\sigma=1}^{N_1} \beta_\sigma G_1\left(\omega_\sigma \cdot a(t) + \eta_\sigma\right) \tag{3.40}$$

$$h(u(t)) = \sum_{\delta=1}^{N_2} \beta'_\delta G_2\left(\omega'_\delta \cdot u(t) + \eta'_\delta\right) \tag{3.41}$$

式中，β_σ 和 β'_δ 分别为连接相应隐藏单元与输出单元的输出权重向量；ω_σ 和 ω'_δ 分别为连接相应隐藏单元与输入单元的输入权重向量；η_σ 和 η'_δ 为它们的隐藏层阈值；N_1 和 N_2 为它们的隐藏层单元个数；$G_1(\cdot)$ 和 $G_2(\cdot)$ 为它们的隐藏层输出激活函数。

将式(3.40)和式(3.41)代入式(3.39)可以得到

$$a(t) = \sum_{\sigma=1}^{N_1} \beta_\sigma G_1\left(\omega_\sigma \cdot a(t-1) + \eta_\sigma\right) + \sum_{\delta=1}^{N_2} \beta'_\delta G_2\left(\omega'_\delta \cdot u(t-1) + \eta'_\delta\right) \tag{3.42}$$

式(3.42)即根据原系统内在双非线性结构而设计的 Dual ELM 的数学描述。很显然它由两个 ELM 串联而成。与 ELM 的辨识过程相同，式(3.42)中的未知参数

为输入权重 β_σ 和 β'_δ。下面将根据低阶时序模型的输入、输出数据来辨识这两个未知的参数向量。

2. 参数辨识

将式(3.42)写成如下线性回归的形式:

$$a(t) = h^{\mathrm{T}}(t)\theta \tag{3.43}$$

式中, 基于输入、输出数据的向量为

$$h(t) = \begin{bmatrix} G_1(\omega_1 \cdot a(t-1) + \eta_1) & \cdots & G_1(\omega_{N_1} \cdot a(t-1) + \eta_{N_1}) \\ G_2(\omega'_1 \cdot u(t-1) + \eta_1) & \cdots & G_2(\omega'_{N_2} \cdot u(t-1) + \eta_{N_2}) \end{bmatrix}^{\mathrm{T}} \tag{3.44}$$

需要辨识的参数向量为

$$\theta = \begin{bmatrix} \beta_1 & \cdots & \beta_{N_1} & \beta'_1 & \cdots & \beta'_{N_2} \end{bmatrix}^{\mathrm{T}}$$

为了计算式(3.44)所示的向量, ω_σ、ω'_δ、η_σ 和 η'_δ 全都随机产生, 并且一旦确定下来, 在之后的辨识过程中将会保持不变。这几个参数不仅与输入、输出数据没有关系, 相互之间也都独立无关。$G_1(\cdot)$ 和 $G_2(\cdot)$ 为隐藏层输出激活函数, 它们的形式有很多种, 一般最常用的为 Sigmoid 函数, 它的数学描述如下:

$$G(\omega, \eta, x) = \frac{1}{1 + \exp(-\omega \cdot x + \eta)} \tag{3.45}$$

方程(3.43)可以写成以下矩阵形式:

$$A = H\theta \tag{3.46}$$

式中, $A = \begin{bmatrix} a(2), a(3), \cdots, a(L) \end{bmatrix}^{\mathrm{T}}$ 为输出矩阵; H 为回归矩阵, 有

$$H = \begin{bmatrix} h^{\mathrm{T}}(2) \\ \vdots \\ h^{\mathrm{T}}(L) \end{bmatrix} \tag{3.47}$$

因此, 根据 ELM 方法思想, 参数向量 θ 估计值的最小二乘解可以通过式(3.48)求出:

$$\hat{\theta} = H^{\dagger}A \tag{3.48}$$

基于 Dual ELM 的时空建模方法中, 参数辨识过程可以总结如下。

(1)给输入权重和隐藏层阈值(ω_σ、ω'_δ、η_σ 和 η'_δ)随机赋值。

(2)使用式(3.44)和式(3.47)计算回归矩阵 H。

(3)使用式(3.48)计算参数向量 $\hat{\theta}$ 。

综上所述，Dual ELM 继承了 ELM 的特点：算法简单，可以把一个非线性求解问题转化为一个最小二乘求解问题，计算过程只需三步。因此，Dual ELM 方法可以大大节省运算时间。

3. 时空合成

确定基于 Dual ELM 的时空模型参数后，便可与空间基函数重构得到一个时空分布模型，如式(3.23)所示。

3.2.3 仿真研究

为了与 3.1 节提出的方法进行对比，本节依然选择芯片固化炉作为研究对象。实验条件与 3.1 节实验条件完全一致。

1. 空间基函数学习

在时空建模过程中，空间基函数的学习采用 LLE 方法，近邻点个数选为 13，空间基函数的阶数为 3。计算得到的三个空间基函数如图 3.7 所示。

2. 低阶时序建模

获得空间基函数后，把传感器 1～5、7～10、12～16 的前 1500 组高维时空数据投影到空间基函数上便可以获得一系列的低阶时序数据。结合四个加热模块的输入信号，使用本节提出的基于 Dual ELM 的时空模型来拟合时间系数。当模型确定以后，使用训练数据与测试数据测试三阶模型的预测效果。模型的预测输出与真实输出的对比如图 3.17 所示。从图中可以看出，本节提出的方法具有很好的预测效果。

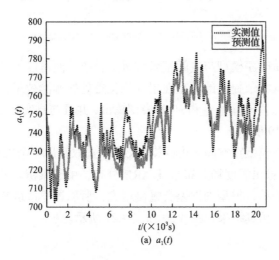

(a) $a_1(t)$

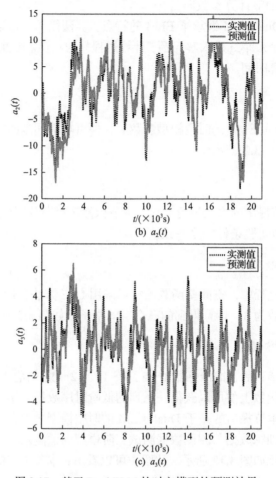

图 3.17　基于 Dual ELM 的时空模型的预测效果

3. 时空合成

把获得的低阶时序模型与空间基函数时空合成，便可以得到整个温度场的时空分布。为了验证本节提出的模型在未训练位置处的预测效果，使用三次样条插值来得到未训练位置传感器 s_6 和 s_{11} 的模型输出，并且与真实输出比较，最终效果如图 3.18 和图 3.19 所示。

为了衡量时空模型在空间域内的模型效果，选取最后一个采样时间点（21000s 时），观察模型的输出温度场分布与其 ARE 分布，由于累积误差的影响，一般情况下随着时间的推移，模型的误差会慢慢增大，所以这里选取最后一个时刻的模型误差进行对比，仿真结果如图 3.20 和图 3.21 所示。

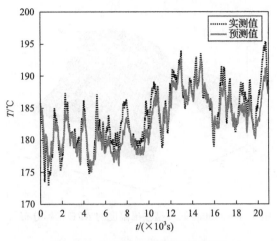

图 3.18　传感器 s_6 的模型预测效果

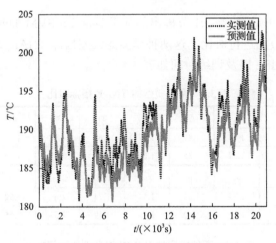

图 3.19　传感器 s_{11} 的模型预测效果

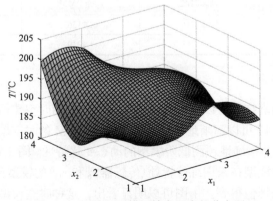

图 3.20　21000s 时模型输出温度的分布图

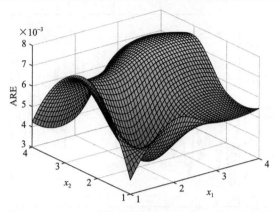

图 3.21   21000s 时模型输出温度的 ARE 指标分布图

4. 仿真对比

将本节提出的模型将与 3.1 节提出的基于 Dual LS-SVM 的时空模型从模型精度和运算速度两方面进行对比。这两种模型的误差指标 TNAE 如表 3.3 所示，它们的误差指标 RMSE 以及训练时间如表 3.4 所示。

表 3.3   两种模型的 TNAE 指标对比

方法	s_1	s_2	s_3	s_4	s_5	s_6	s_7	s_8
Dual LS-SVM	1.48	1.49	1.67	1.68	1.58	1.55	1.69	1.69
Dual ELM	1.32	1.35	1.65	1.67	1.49	1.45	1.50	1.52
方法	s_9	s_{10}	s_{11}	s_{12}	s_{13}	s_{14}	s_{15}	s_{16}
Dual LS-SVM	1.75	1.53	1.54	1.74	1.69	1.59	1.72	1.55
Dual ELM	1.56	1.40	1.41	1.59	1.51	1.45	1.54	1.42

表 3.4   两种模型的 RMSE 以及训练时间对比

方法	训练时间	训练 RMSE	测试 RMSE
Dual ELM	0.054716	1.2156	1.9263
Dual LS-SVM	0.615758	1.4219	2.1038

5. 仿真结果分析

从固化炉的仿真结果可以看出，基于 Dual ELM 的时空建模方法具有很好的模型效果。由图 3.17 可以清晰地看出，基于 Dual ELM 的时空模型可以很好地逼近低阶时序数据，并精确地预测低阶模型的动态变化特性。图 3.18 和图 3.19 反映了本节提出的时空模型在未训练位置处 (传感器 s_6 和 s_{11}) 的模型预测效果，模型的输出采用三次样条插值得到。由图可以明显看出，这种时空模型对于未训练区域的温度动态变化依然具有很好的预测效果。图 3.20 和图 3.21 反映了 21000s 时的模型输出温度分布及其 ARE 分布，从图中可以看出，ARE 分布控制在 1%以内，相当于实际温度在 190℃左右时，模型预测温度误差不超过 2℃，基本满足模型的精度要求。从这些仿真结果可以看出，本节设计的基于 Dual ELM 的时空模型具有很小的建模误差；这种时空模型不仅可以预测空间温度场的分布，也能够对空间任意一点的温度动态变化进行预测。

与 3.1 节提出的模型相比，以上这些仿真结果几乎相同，说明两种方法的模型精度差异较小。为了更直观地比较这两种方法，采用 RMSE 和 TNAE 两种误差指标来衡量两种模型的精度，并对两种方法的训练时间进行比较，仿真结果如表 3.3 和表 3.4 所示。从模型精度的角度来看，这两种方法的误差指标差异较小，本节方法具有微弱的模型优势。从模型运算速度的角度来看，本节方法的训练速度是 Dual LS-SVM 方法的十几倍，展现了明显的优势。因此，本节提出的方法更加适合在线应用。此外，由本节方法的运算公式可以看出，Dual ELM 最终求解的是最小二乘求解问题，当新的数据点到来时，可以把递推最小二乘法的思想运用在这种模型上，适合模型的在线更新。Dual LS-SVM 方法与 Dual ELM 方法的详细区别如表 3.5 所示。

表 3.5　Dual LS-SVM 与 Dual ELM 两种方法的对比

对比内容	Dual LS-SVM 方法	Dual ELM 方法
优化目标	结构风险最小化	结构风险最小化
算法速度	较慢	很快
算法特点	(1)能获得全局最优解； (2)计算复杂性取决于支持向量数目，而不是样本空间的维数，因此避免了"维数灾难"，但是对于大样本数据集计算复杂性较高，不需要迭代学习； (3)在线连续计算困难； (4)模型精度对参数设置比较敏感； (5)不会过拟合	(1)能获得全局最优解； (2)数学描述简单，把非线性求解问题转化为最小二乘求解问题，不需要迭代学习； (3)适合在线连续计算； (4)输入层权重，隐藏层阈值可以随机获得，只有隐藏层节点个数需要设置； (5)不会过拟合
泛化能力	较强	较强

3.3　本 章 小 结

针对工业热过程的分布参数系统建模，本章设计了两种与原系统结构相匹配的时空模型。3.1 节提出了一种基于 Dual LS-SVM 的时空建模方法，在第 2 章空间基函数的基础上，对提高低阶时序模型的精度进行了相应的研究。不同于传统低阶时序模型的辨识过程，在辨识之前，首先把原系统近似分解成两个分别与输入和输出信号相关的非线性结构特征，并根据这种结构来设计与原过程相匹配的模型，即用两个 LS-SVM 分别近似这两个非线性结构。因此，这种模型理论上比用一个 LS-SVM 近似整个低阶时序模型具有更高的精度。为了验证这一结论，3.1 节针对一个典型的二维热过程做了相应的仿真分析，结果表明，3.1 节提出的建模方法具有更高的模型精度。

在 3.1 节的基础上，3.2 节提出了一种基于 Dual ELM 的时空建模方法。用 ELM 替代 LS-SVM，建立一个基于 Dual ELM 的时空模型来匹配原系统的双非线性结构。ELM 属于万能逼近器，它可以以任意精度逼近任意一个非线性函数，基于 Dual ELM 的时空模型也具有同样的性质。在保障模型精度的条件下用 ELM 替代 LS-SVM 还有一个最大的优势，那就是这种模型的运算成本大大降低。3.2 节提出的方法继承了 ELM 方法的特点，把一个非线性求解问题转化为一个最小二乘求解问题，因此它的运算速度相比基于 Dual LS-SVM 的时空建模方法更快，更适合在线相关的应用。此外，由 Dual ELM 的推导过程可以看出，这种模型的数学描述相对简单，仿真结果也验证了这一结论。

第4章 基于 FGMM 的时空多模型

在工业中，很多分布热系统都属于大尺度强非线性分布参数系统。对于这类系统的建模通常具有以下挑战：强非线性特征、时变动态特性及具有多个工作点的大工作范围。因此，传统的时空模型在处理此类系统时具有一定的局限性。基于多模型的建模思想，本章研究基于 FGMM 的时空多模型建模方法。该方法的思想主要概括成三个部分：操作空间分离、局部时空模型的估计及局部时空模型的集成。第一部分采用 FGMM 方法将原始空间划分为几个子空间，每个子空间代表系统的局部非线性时动态；对于第二部分，每个局部时空动态都可以用传统的基于 Karhunen-Loève 方法的时空模型进行估计；第三部分则对获得的每个局部时空模型进行加权求和，从而重构出一个光滑的全局时空模型，相应的权重可以通过 PCR 法来获得。由于多模型的建模方法可以降低非线性的复杂度，这种模型具有很强的跟踪和处理复杂非线性动态的能力。通过针对二维固化热过程的仿真，来验证该模型的性能。

4.1 基于 FGMM 的时空多模型的构建方法

在本章提出的多模型中，定义 $u(t) \in \mathbf{R}$ 是输入信号，$y(x,t) \in \mathbf{R}$ 是测量得到的时空数据，其中 x 是在空间域 W 中变化的空间变量，t 是时间变量。因此，本章的建模问题可以转化为根据输入信号 $\{u(t)\}_{t=1}^{L}$ 和相应的输出数据 $\{y(x_i,t)\}_{i=1,t=1}^{N,L}$ 估计出一个精确的时空多模型，其中 L 是时间长度，N 是传感器的个数。如图 4.1 所示，本章提出的建模方法主要包括以下三个步骤。

(1) 基于 FGMM 的操作空间分离。利用 FGMM 将原始复杂非线性空间划分为多个局部可操作空间。随着操作空间的分离，原始的复杂非线性时空动态可以简化为几个简单的局部非线性时空动态。

(2) 局部时空模型的估计。对于每个局部时空动态，采用传统的基于 Karhunen-Loève 的 ELM 时空建模(简称 KL-ELM)方法进行估计。

(3) 基于 PCR 的局部时空模型的集成。通过加权和的形式将所有的局部时空模型集成在一起，重构一个全局时空模型。为了避免多重共线性的存在，采用 PCR 法来确定每个局部模型的相应权重。

从以上描述可以看出，本章提出的方法与传统的时空建模方法的主要区别在于第一步和第三步。采用操作空间分离与集成的建模机制，可以显著地降低模型的复杂度，从而更容易提高建模精度和效率。此外，所提出的时空多模型比传统的时空模型具有更好的鲁棒性。

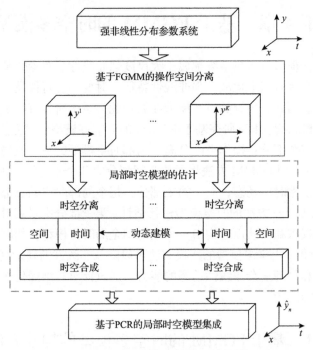

图 4.1　基于 FGMM 的时空多模型的建模框架图

4.1.1　基于 FGMM 的操作空间分离

FGMM 是多个高斯分布函数的线性组合。理论上，FGMM 可以适用于任何类型的分布，它通常用于解决具有多个工作点的非线性过程的数据分布问题。因此，FGMM 比高斯函数或概率 PCA 更能捕捉到这类过程的非线性动态特征。

令 $y \in \mathbf{R}^N$ 代表在多模态过程中收集的 N 维数据，其概率密度函数(probability density function, PDF)可表述如下：

$$p(y|\theta) = \sum_{k=1}^{K} \omega_k g(y|\theta_k) \tag{4.1}$$

式中，K 为 FGMM 中包含的高斯分量的个数；ω_k 为第 k 个分量 C_k 对应的权重；$\theta_k = \{\mu_k, \Sigma_k\}$ 为第 k 个分量 C_k 的模型参数，μ_k 为模型的期望，Σ_k 为模型协方差；$\theta = \{\theta_1, \cdots, \theta_K\} = \{\mu_1, \Sigma_1, \cdots, \mu_K, \Sigma_K\}$ 表示全局高斯模型参数。与 C_k 相应的多元高斯密度函数可以描述如下：

$$g(y|\theta_k) = \frac{1}{(2\pi)^{\frac{1}{N}}|\Sigma_k|^{\frac{1}{2}}} \exp\left[-\frac{1}{2}(y-\mu_k)^{\mathrm{T}}\sum_{k=1}^{K}(y-\mu_k)\right] \tag{4.2}$$

混合密度函数 $p(y|\theta)$ 实质上可以表示为每个局部高斯分量的加权和形式，相应的权重 ω_k 可以看成每个数据属于第 k 个高斯分量的先验概率。显然，混合模型的累积密度函数应满足

$$\int_{\mathbf{R}^N} p(y|\theta)\mathrm{d}y = \sum_{k=1}^{K}\omega_k\left(\int_{\mathbf{R}^N} g(y|\theta_k)\mathrm{d}y\right) = 1 \tag{4.3}$$

考虑到对于每个局部高斯分量，满足 $\int_{\mathbf{R}^N} g(y|\theta_k)\mathrm{d}x = 1$，因此可以很容易得到

$$\sum_{k=1}^{K}\omega_k = 1 \tag{4.4}$$

式中，$0 \leqslant \omega_k \leqslant 1$。

时空数据的总体平均值可以表示为

$$\mu_y = \int_{\mathbf{R}^N} yp(y|\theta)\mathrm{d}y = \sum_{k=1}^{K}\omega_k\left(\int_{\mathbf{R}^N} yg(y|\theta_k)\mathrm{d}y\right) = \sum_{k=1}^{K}\omega_k\mu_k \tag{4.5}$$

式 (4.5) 表明，总体均值是每个高斯分量均值的凸组合，但混合协方差与各分量协方差之间没有显著关系。若要构造 FGMM，必须确定下列未知参数集合：

$$\Theta = \{\{\omega_1, \mu_1, \Sigma_1\}, \cdots, \{\omega_K, \mu_K, \Sigma_K\}\} \tag{4.6}$$

通过式 (4.6)，很容易发现 Θ 包含先验概率 $\omega_k (1 \leqslant k \leqslant K)$ 和高斯模型参数 θ。由于 μ_k 和 Σ_k 分别是 $N \times 1$ 向量和 $N \times N$ 矩阵，待确定的标量参数总数为 $K\left(\frac{1}{2}N^2 + \frac{3}{2}N + 1\right) - 1$。目前常用的学习算法，如极大似然估计 (maximum likelihood estimate, MLE) 算法、F-J (Figueiredo-Jain) 算法和最大期望 (expectation-maximization, EM) 算法，都已经成功地应用于高斯模型的参数估计。对于多模态过程收集到的时空数据 $Y = \{y_1, y_2, \cdots, y_L\}$，其对数似然函数可以描述为

$$\lg \bar{L}(Y, \Theta) = \sum_{t=1}^{L}\lg\left(\sum_{k=1}^{K}\omega_k g(y_t|\theta_k)\right) \tag{4.7}$$

其参数估计问题可以进一步表示为

$$\hat{\Theta} = \arg\max_{\Theta} \left(\lg \bar{L}(Y, \Theta) \right) \tag{4.8}$$

式 (4.8) 参数估计问题可以用 MLE 方法，通过令对数似然函数的一阶导数等于零来求解。然而，这种方法在某些情况下往往会导致产生奇异或病态的解析解。EM 算法[114]作为一种更易于操作的数值方法，已被广泛应用于极大似然分布参数的学习过程中。该方法主要通过重复期望步长 (E-step) 和最大步长 (M-step) 来迭代计算后验概率，然后计算相应的分布参数，直到满足对数似然函数的收敛准则。

虽然 EM 算法可以很好地计算高斯模型参数，但其存在一个主要缺陷，即要先指定高斯分量的个数，并且在参数估计过程中不能自动调整。然而对于 F-J 算法，可以从任意数量的高斯分量开始计算，然后通过去除不重要权重来自动调整高斯分量。根据最小信息长度 (minimun message length, MML) 准则，修改后的目标函数如下[115]：

$$M(Y, \Theta) = \frac{V}{2} \sum_{\substack{1 \leqslant k \leqslant K \\ \omega_k > 0}} \lg(L\omega_k) + \frac{K_{nz}}{2} \left(\lg \frac{L}{12} + 1 \right) - \lg \bar{L}(Y, \Theta) \tag{4.9}$$

式中，$V = \frac{1}{2} N^2 + \frac{3}{2} N$ 为标量参数的个数；K_{nz} 为权重非零的有效分量数。

EM 算法可以通过增强 M 步的权值更新来最小化目标函数 (4.9)，即

$$\omega_k^{(s+1)} = \frac{\max \left\{ 0, \left(\sum_{t=1}^{L} P^{(s)}(C_k | y_t) \right) - \frac{V}{2} \right\}}{\sum_{k=1}^{K} \max \left\{ 0, \left(\sum_{t=1}^{L} P^{(s)}(C_k | y_t) \right) - \frac{V}{2} \right\}} \tag{4.10}$$

它先将不重要的高斯分量对应的权重设置为零，然后迭代地调整有效高斯分量的个数。

4.1.2　局部时空模型构建

原始操作空间分离完成后，利用传统的基于时空分离的时空建模方法来构建局部时空动态模型。假设第 k 个局部子空间的时空数据是 $\{y^k(x_i, t)\}_{i=1, t=1}^{N, L_k}$，其中 $L_k (k = 1, 2, \cdots, K)$ 表示时间长度。相应地，输入信号可以写成 $\{u^k(t)\}_{t=1}^{L_k}$。局部时空建模过程主要包括以下三个步骤：时间/空间分离、时间动态建模及时间/空间合成。详细步骤如下。

1. 时间/空间分离

由于局部时空动态是时间/空间耦合的，应首先利用基于 Karhunen-Loève 的时空分离方法将时空变量 $y^k(x_i,t)$ 解耦为一组单位正交空间基函数 $\{\phi_i^k(x)\}_{i=1}^n$ 和其相应时间系数 $\{a_i^k(t)\}_{i=1}^n$ 积的形式：

$$y_n^k(x,t)=\sum_{i=1}^n \phi_i^k(x)a_i^k(t) \tag{4.11}$$

式中，$y_n^k(x,t)$ 可以看成忽略快模态后 $y^k(x,t)$ 的 n 阶近似（慢模态）。

空间基函数是满足下列方程的单位正交函数：

$$\left(\phi_i^k(x),\phi_j^k(x)\right)=\begin{cases}0, & i\neq j\\ 1, & i=j\end{cases} \tag{4.12}$$

式中，$(\phi_i^k(x),\phi_j^k(x))$ 为 $\phi_i^k(x)$ 和 $\phi_j^k(x)$ 的内积。

空间基函数可以用 Karhunen-Loève 方法来进行计算。获得空间基函数后，其相应的时间系数可以通过式 (4.13) 获得：

$$a_i^k(t)=\left(\phi_i^k(x),y^k(x,t)\right), \quad i=1,2,\cdots,n \tag{4.13}$$

定义时间系数的向量形式为 $a^k(t)=\left[a_1^k(t),\cdots,a_n^k(t)\right]^{\mathrm{T}}$，结合相应的输入数据集 $\{u^k(t)\}_{t=1}^{L_k}$，可以获得局部时空模型的低阶时序模型。

2. 时间动态建模

下面主要建立 $\{a^k(t)\}_{t=1}^{L_k}$ 和 $\{u^k(t)\}_{t=1}^{L_k}$ 之间未知的时间动态关系。假设未知的非线性动态可以用非线性自回归（nonlinear autoregressive exogenous, NARX）模型描述为

$$a^k(t)=f\left(a^k(t-1),u^k(t-1)\right)+\varepsilon(t) \tag{4.14}$$

式中，$a^k(t)\in \mathbf{R}^{n_a}$；$u^k(t)\in \mathbf{R}^{n_u}$。传统的集中参数建模方法，如 NN、SVM 和 Volterra 模型等，均可以根据输入输出数据集 $\{a^k(t),u^k(t)\}_{t=1}^{L_k}$ 来确定未知函数 $f(\cdot)$。

本节采用 ELM 方法来估计未知非线性函数，它本质上属于一个单隐藏层前馈神经网络，具有学习速度快、估计能力强、数学描述简单等优点。定义 $z^k(t)=[a^k(t)^{\mathrm{T}},u^k(t)^{\mathrm{T}}]^{\mathrm{T}}\in \mathbf{R}^{n_a+n_u}=\mathbf{R}^{n_z}$，ELM 方法的数学描述可以用式 (4.15) 来表示：

$$a^k(t)=\sum_{\tau=1}^h \beta_\tau^k G\left(\alpha_\tau^k z^k(t-1)+\eta_\tau^k\right), \quad t=2,3,\cdots,L_k \tag{4.15}$$

式中，$\beta_\tau^k = [\beta_{\tau,1}^k, \beta_{\tau,2}^k, \cdots, \beta_{\tau,n_a}^k]^T$ 是连接第 τ 个隐藏节点和输出节点的输出权向量；$\alpha_\tau^k = [\alpha_{\tau,1}^k, \alpha_{\tau,2}^k, \cdots, \alpha_{\tau,n_z}^k]^T$ 是连接第 τ 个隐藏节点和输入节点的输入权向量；η_τ^k 是第 τ 个隐藏节点的阈值；h 是隐藏节点的数目；$G(\cdot)$ 是隐藏层的激活函数，这里用 Sigmoid 函数来表示。

3. 时间/空间合成

ELM 模型的预测输出 $\hat{a}^k(t)$ 为

$$\hat{a}^k(t) = \sum_{\tau=1}^{h} \beta_\tau^k G\left(\alpha_\tau^k \hat{z}^k(t-1) + \eta_\tau^k\right), \quad t = 2, 3, \cdots, L_k \tag{4.16}$$

上述方程也可转化为矩阵形式，如式 (4.17) 所示：

$$\hat{a}^k(t) = \left(H^k(t)\beta^k\right)^T \tag{4.17}$$

式中

$$H^k(t) = \left(G\left(\alpha_1^k \hat{z}(t-1) + \eta_1^k\right), \cdots, G\left(\alpha_h^k \hat{z}(t-1) + \eta_h^k\right)\right) \tag{4.18}$$

$$\beta^k = \left(\beta_1^{k\,T}, \cdots, \beta_h^{k\,T}\right)^T \tag{4.19}$$

最后，第 k 个局部时空动态可以采用时间/空间合成进行重构，如式 (4.20) 所示：

$$\hat{y}_n^k(x,t) = \sum_{i=1}^{n} \phi_i^k(x)\hat{a}_i^k(t) \tag{4.20}$$

式中，$\hat{y}_n^k(x,t)$ 为第 k 个局部操作空间中的时空预测输出。

4.1.3　基于 PCR 的局部时空模型集成

所有的局部时空模型构建完成后，采用 PCR 法[116]将它们集成在一起，最终获得一个可以工作在大工作区域的全局时空模型。与单个局部时空模型相比，多模型集成策略可以提高模型预测的精度。如图 4.2 所示，最终的全局时空模型可以用加权和的形式进行重构，如下所示：

$$\hat{y}_n(x_i,t) = \omega_{i,1}\hat{y}_n^1(x_i,t) + \omega_{i,2}\hat{y}_n^2(x_i,t) + \cdots + \omega_{i,K}\hat{y}_n^K(x_i,t) \tag{4.21}$$

式中，$\omega_{i,k}(i = 1, 2, \cdots, N; k = 1, 2, \cdots, K)$ 为第 k 个局部时空模型 $\hat{y}_n^k(x_i,t)$ 在传感器 i 上的权重。

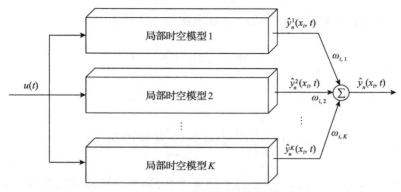

图 4.2 局部时空模型集成

为了估计式 (4.21) 的权重参数，采用最小二乘法进行求解，如下所示：

$$W_i = (\Psi_i^{\mathrm{T}} \Psi_i)^{-1} \Psi_i^{\mathrm{T}} Y_i, \quad i = 1, 2, \cdots, N \tag{4.22}$$

式中，下标为 i 的变量表示传感器 i 处的对应变量；$W_i = [\omega_{i,1}, \omega_{i,2}, \cdots, \omega_{i,K}]^{\mathrm{T}}$ 为权重向量；$\Psi_i = [Y_i^{1\mathrm{T}}, Y_i^{2\mathrm{T}}, \cdots, Y_i^{K\mathrm{T}}]$ 为局部时空模型的输出矩阵，$Y_i^k = [\hat{y}_n^k(x_i, t_1), \hat{y}_n^k(x_i, t_2), \cdots, \hat{y}_n^k(x_i, t_L)]$ 为第 k 个局部时空模型的输出向量；$Y_i = [y(x_i, t_1), y(x_i, t_2), \cdots, y(x_i, t_L)]^{\mathrm{T}}$ 为真实的时空输出向量。

由于每个局部时空模型都代表着同一个分布参数系统，它们往往相互关联。当局部模型过多时，由式 (4.22) 得出的解往往存在多重共线性。要保证模型的鲁棒性，PCR 法是最优的解决方案。为了方便描述，假设 $\Psi_i = \tilde{\Psi}, Y_i = \tilde{Y}, W_i = \tilde{W}$。采用 PCR 法，参数矩阵 $\tilde{\Psi}$ 可以分解为

$$\tilde{\Psi} = c_1 d_1^{\mathrm{T}} + c_2 d_2^{\mathrm{T}} + \cdots + c_K d_K^{\mathrm{T}} \tag{4.23}$$

式中，$c_k = \mu_k \sigma_k$、$d_k = v_k$（$k = 1, 2, \cdots, K$）分别为第 k 个主元素的主分量和载荷分量，它们都是单位正交向量。通常，式 (4.23) 的前 q 项可以用来代表参数矩阵 $\tilde{\Psi}$，其中 q 的确定与 Karhunen-Loève 方法相同。因此，式 (4.23) 可以简化为

$$\tilde{\Psi} \approx \tilde{\Psi}_q = CD^{\mathrm{T}} \tag{4.24}$$

式中，$C = [c_1, c_2, \cdots, c_q]$；$D = [d_1, d_2, \cdots, d_q]$。

式 (4.21) 可以重新写成矩阵相乘的形式，如下所示：

$$\tilde{Y} = \tilde{\Psi} \tilde{W} \approx CD^{\mathrm{T}} \tilde{W} \tag{4.25}$$

假设 $\tilde{W}_q = D^{\mathrm{T}} \tilde{W}$，则 $\tilde{W}_q$ 的最小二乘解可以表示为

$$\tilde{W}_q = (C^{\mathrm{T}} C)^{-1} C^{\mathrm{T}} \tilde{Y} \tag{4.26}$$

由于 D 是正交矩阵，$D^{\mathrm{T}} = D^{-1}$，权重 $\tilde{W}$ 可以表示为

$$\tilde{W} = D\tilde{W}_q = D\left(C^{\mathrm{T}}C\right)^{-1}C^{\mathrm{T}}\tilde{Y} \tag{4.27}$$

最终，全局时空模型可以通过式(4.27)来集成获得：

$$\hat{y}_n(x,t) = \sum_{k=1}^{K} W^k \hat{y}_n^k(x,t) = \sum_{k=1}^{K} W^k \phi^k(x)\hat{a}^k(t) \tag{4.28}$$

式中，$W^k = \mathrm{diag}(\omega_{1,k}, \omega_{2,k}, \cdots, \omega_{N,k})$ 为第 k 个局部时空模型的权重矩阵；$\phi^k(x) = [\phi_1^k(x), \phi_2^k(x), \cdots, \phi_n^k(x)]$。

4.1.4　模型分析

本章提出的多模型建模方法的主要优势可以总结如下。

(1)与传统的基于 Karhunen-Loève 的时空模型进行比较：采用本章提出的多模型建模方法，可以将原系统的复杂非线性过程分解为多个局部工作区间，便于局部建模和实验的进行。通过多模型集成，可以得到一个在大工作区域内工作的全局时空模型。因此，本章提出的方法对大尺度、强非线性和时变系统具有更好的性能。

(2)与基于概率 PCA 的多模型进行比较[117]：这两种方法的主要区别在于它们的多模型构建机理。本章提出的方法将原始非线性动态分解为多个局部动态，每个局部动态都可以表示局部区域内的原系统。而基于概率 PCA 的方法试图将原始非线性动态分解为多个非线性子动态，这种分解没有实际的物理意义。虽然这两种方法都采用多模型集成，并得到相应的全局模型，但本章的方法更适合于控制器的设计。

4.2　Rademacher 推广界

Rademacher 复杂度可以用来评价时空模型的鲁棒性能，并根据模型训练误差给出预测误差的上界。这种方法既可用于离散值函数，也可用于实值函数。这里主要用 Rademacher 复杂度来分析本章提出的多模型方法的鲁棒性能。

根据式(4.17)和式(4.28)，本章提出的多模型可以表述成矩阵形式：

$$\hat{y}_n(x,t) = \sum_{k=1}^{K} W^k \phi^k(x)\left(H^k(t)\beta^k\right)^{\mathrm{T}} \tag{4.29}$$

为了分析多模型的推广界，首先引入以下引理。

引理 4.1　定义 $l(\hat{y}_n - y) = \|\hat{y}_n - y\|^2$，并且 $l \leqslant B$，假定 $\|\hat{y}_n\| \leqslant A$，对于任意 $\delta \in (0,1)$，在 m 个测试样本下，$\forall \hat{y}_n \in T$，满足式 (4.30) 的概率至少为 $1 - \delta$：

$$L(\hat{y}_n) - L_{\text{emp}}(\hat{y}_n) \leqslant 8\left(A + \|y\|_\infty\right)R_m(T) + B\sqrt{\frac{1}{2m}\ln\left(\frac{1}{\delta}\right)} \tag{4.30}$$

式中，$L(\hat{y}_n)$ 是 $\hat{y}_n$ 的预测误差；$L_{\text{emp}}(\hat{y}_n)$ 是 $\hat{y}_n$ 的经验误差；$R_m(T)$ 是 T 的 Rademacher 复杂度。

根据引理 4.1 和式 (4.30)，多模型的推广界可以用以下定理来描述。

定理 4.1　假设 $\forall \hat{y}_n \in T$ 和 $\|\hat{y}_n\| \leqslant A$，参数矩阵 $\|W^k\| \leqslant P^k$ 和 $\|\beta^k\| \leqslant Q^k$，$E\left(\left\|\dfrac{1}{m}\sum\limits_{t=1}^{m} H^k(t)^{\mathrm{T}}\right\|\right) \leqslant S^k$。其中，$E[\xi]$ 表示 ξ 的期望。在 m 个测试样本下，$\forall \hat{y}_n \in T$，满足式 (4.31) 的概率至少为 $1 - \delta$：

$$L(\hat{y}_n) \leqslant L_{\text{emp}}(\hat{y}_n) + 8\left(A + \|y\|_\infty\right)\sum_{k=1}^{K} P^k Q^k S^k + B\sqrt{\frac{1}{2m}\ln\left(\frac{1}{\delta}\right)} \tag{4.31}$$

证明　假设 $\sigma_1, \sigma_2, \cdots, \sigma_m$ 是独立的一致随机变量，其变化范围为 $-1 \sim 1$。根据 Rademacher 复杂度的定义，经验 Rademacher 复杂度 $\hat{R}_m(T)$ 的数学表达式如下：

$$\hat{R}_m(T) = \frac{1}{m} E_\sigma\left(\sup \sum_{t=1}^{m} \sigma_t \hat{y}_n(\cdot, t)\right) \tag{4.32}$$

将式 (4.29) 代入式 (4.32)，$\hat{R}_m(T)$ 可进一步写成

$$\hat{R}_m(T) = \frac{1}{m} E_\sigma\left(\sup_{W^k, \beta^k} \sum_{t=1}^{m} \sigma_t \sum_{k=1}^{K} W^k \phi^k(\cdot)\left(H^k(t)\beta^k\right)^{\mathrm{T}}\right) \tag{4.33}$$

由于 W^k 和 β^k 是有界的，可以得到

$$\begin{aligned}
\hat{R}_m(T) &\leqslant \frac{1}{m} \sup_{W^k, \beta^k} \sum_{k=1}^{K} \|W^k\|\|\beta^{k\mathrm{T}}\|\left\|\sum_{t=1}^{m} H^k(t)^{\mathrm{T}}\right\| \\
&\leqslant \frac{1}{m} \sum_{k=1}^{K} P^k Q^k \left\|\sum_{t=1}^{m} H^k(t)^{\mathrm{T}}\right\|
\end{aligned} \tag{4.34}$$

因此 Rademacher 复杂度 $R_m(T)$ 可以表示为

$$R_m(T) = E\left(\hat{R}_m(T)\right) \leqslant \sum_{k=1}^{K} P^k Q^k S^k \tag{4.35}$$

结合式 (4.30) 和式 (4.35)，对于任意 $\delta \in (0,1)$，在 m 个测试样品下，$\forall \hat{y}_n \in T$，满足式 (4.36) 的概率至少为 $1 - \delta$：

$$L(\hat{y}_n) \leqslant L_{\text{emp}}(\hat{y}_n) + 8\left(A + \|y\|_\infty\right) \sum_{k=1}^{K} P^k Q^k S^k + B\sqrt{\frac{1}{2m}\ln\left(\frac{1}{\delta}\right)} \tag{4.36}$$

由于式 (4.36) 右侧的最后两项是常数，多模型的推广性界可以用式 (4.36) 来估计。

4.3　仿　真　研　究

为了衡量本章提出方法的有效性，这里使用第 3 章的实验过程进行仿真验证，并且与传统的全局时空模型和基于概率 PCA 的多模型进行综合对比。

在多模型的构建过程中，首先使用 FGMM 进行操作空间分离，得到三个聚类，每个聚类都可以用来表示子空间的时空动态特性。三个聚类的样本长度分别为 585、817 和 698。基于获得的三个聚类，可以将原系统的建模问题转化为三个局部时空模型的估计问题。这里采用基于时间/空间分离的建模方法，来构建每个局部时空模型。首先，使用 Karhunen-Loève 方法分别对三个聚类的局部空间基函数进行学习，并选取三阶基函数用来进行局部时空分离，如图 4.3 所示。由图可以看出，这三个聚类基函数的第一阶是相似的，它们代表着相同的系统。这三个聚类的主要区别体现在它们的第二阶和第三阶基函数，这是因为它们的局部时空动态变化差异较小。然后，将局部时空数据往局部基函数上进行投影便可以计算得到相应的时间系数数据，再通过 ELM 方法确定每一个局部时间动态模型。接着，利用时间/空间合成，重构每个局部时空模型。最后，对所有局部时空模型进行加权求和，重构出本章所提出的多模型。

为了检验该模型的预测能力，利用 700 个测试输入信号对模型进行激励。第 700 个测试样本的模型预测输出和相应的 ARE 分布如图 4.4 和图 4.5 所示。显而易见，该模型在空间和时间上都具有良好的性能。误差指标 ARE 控制在 2% 以内，该误差对本实验来说完全可以接受。此外，该多模型在未训练位置传感器 s_7 和 s_{10} 的实际输出和模型预测输出对比如图 4.6 所示。由图 4.4～图 4.6 可知，该模型具有较好的性能。此外，该方法对于未训练的位置同样具有满意的估计误差，取得了很好的效果。

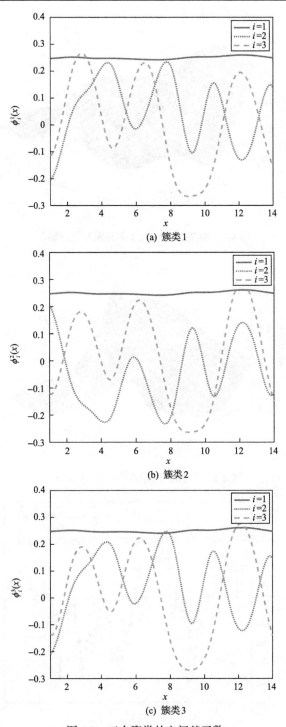

(a) 簇类 1

(b) 簇类 2

(c) 簇类 3

图 4.3　三个聚类的空间基函数

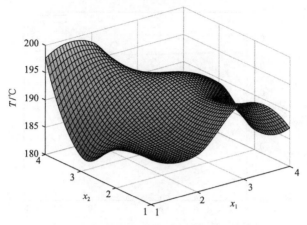

图 4.4　第 700 个测试样本的模型预测输出

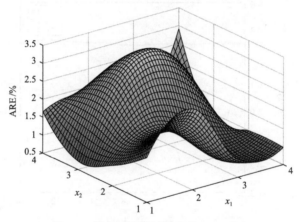

图 4.5　第 700 个测试样本的 ARE 分布

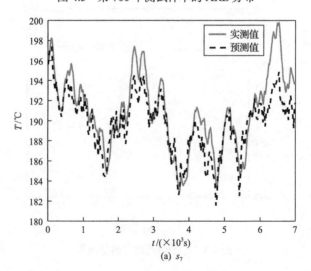

(a) s_7

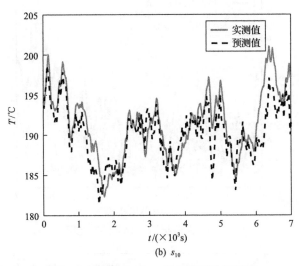

(b) s_{10}

图 4.6　传感器 s_7 和 s_{10} 处的模型性能验证

此外，将该方法与现有的建模方法，即 KL-ELM 方法和基于概率 PCA 的多模型方法[117]进行比较，这两种方法也是在相同的实验样本基础上进行仿真研究。为了比较三种模型的预测性能，使用误差指标 TNAE、SNAE 和 RMSE 进行综合对比。其中误差指标 TNAE 和 SNAE 如图 4.7 和图 4.8 所示，误差指标 RMSE 如图 4.9 所示。显然，对于强非线性分布参数系统，本章提出的多模型建模方法的性能优于其他两种现有的时空建模方法。

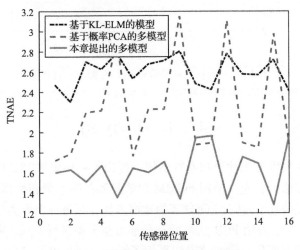

图 4.7　误差指标 TNAE 的对比图

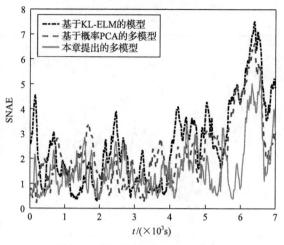

图 4.8　误差指标 SNAE 的对比图

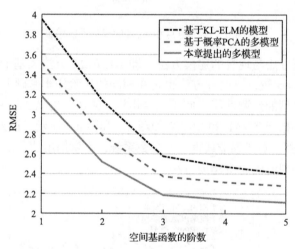

图 4.9　不同空间基函数阶次下的 RMSE 对比图

4.4　本章小结

　　本章针对大尺度非线性分布参数系统，提出了一种集成 FGMM 和 PCR 的时空多模型建模方法。首先，使用 FGMM 对收集到的时空分布数据进行聚类分析；然后，采用传统的基于时间/空间分离的建模方法，对每一个聚类中的局部时空动态进行估计；最后，采用 PCR 法将所有局部时空模型进行集成，来预测系统在整个时空区域的动态变化特性。该方法采用了操作空间分离的多模型建模思想，因此具有较强的处理大尺度复杂非线性动态的能力。与其他两种时空建模方法对比，本章提出的方法可以显著提高模型的预测精度。

第5章 基于改进连续 ELM 的在线时空模型

第 2~4 章提出的时空建模方法是在离线条件下进行的，需要事先在一定的温度区间内采集到工作温度区间内的输入，即温度数据，然后利用这些数据来学习空间基函数和对输入即时间系数进行动态建模。在预测过程中，模型参数不发生改变。相对于离线模型，在线模型在应用中其模型参数可以随着工业过程的进行不断地完成自适应更新，在实际工业中往往具有更重要的应用价值。相较于离线模型，温度场的在线模型具有以下几点优势。

(1)模型比较灵活，鲁棒性比较好，能在生产过程中不断更新模型以更好地模拟温度场的实时变化。

(2)将在线模型应用到实时控制领域，可以随着过程的进行，不断修改控制器的参数，以完成对过程对象的优化控制，同时也为实时控制提供了更灵活的方案。

相较于离线模型，在线模型也有一定的不足：在线模型依赖于温度数据的实时获取；对于工作空间无法提供足够的传感器布置位置的热过程，在线建模便无法应用。因此，在线模型适用于在热过程中温度传感器便于在工作空间内布置的情况。

在线建模方法一般是在离线建模方法的基础上，通过在线参数学习方法将离线模型结构应用到在线建模上。因此，对于在线建模，首先需要其基本的离线模型结构能够提供稳定、快速、准确的模型逼近能力，同时要求在线参数学习方法具有较简单的运算结构和较快的运算速度，能够在相对短的时间内完成参数运算。离线模型结构已经于第 4 章给出，基于在线参数学习方法，本章引用一种传统的在线参数学习方法，分别提出了两种优化方法。

这几种方法的时空分离部分依然采用基于数据的 Karhunen-Loève 方法。根据基函数的性质，其可以从离线实验中获得，学习得到的基函数可作为固定参数应用于时空模型的在线建模过程中。

在模拟输入动态响应上，通过对 ELM 基本方法的改进，依次提出了在线时序超限学习机(online sequential extreme learning machine, OS-ELM)、改进的固定步长的在线时序超限学习机(fixed-steps advanced online sequential extreme learning machine, FAOS-ELM)和改进的可变步长的在线时序超限学习机(changed-steps advanced online sequential extreme learning machine, CAOS-ELM)等三种在线参数学习方法。OS-ELM 方法由 Liang 等[106]最先提出，本书将其与 Karhunen-Loève 方法结合来解决温度场的在线时空建模问题。FAOS-ELM 方法和 CAOS-ELM 方

法是本书在 OS-ELM 方法基础上提出的改进方法。将三种在线参数学习方法与时空分离方法结合，依次形成了 KL-OS-ELM、KL-FAOS-ELM 和 KL-CAOS-ELM 三种在线建模方法。本章将对这三种方法依次进行说明与仿真实验。

5.1　基于 OS-ELM 的传统在线参数学习方法

OS-ELM 是在 ELM 方法基础上发展而来的一种在线批量数据学习方法。它不仅可以一个接一个地学习，而且可以成块（固定步长或者变化步长）地学习不断加入到方法中的数据。OS-ELM 是一种非常灵活且多功能的时序学习方法[106]，它具有以下优势。

（1）可以随着过程的进行，将新获得的实验数据应用到训练模型中，新加入的实验数据可以以逐个加入或逐块加入的规则加入到学习方法中。

（2）无论任何时刻，只有新加入的数据才被运算学习，已经学习过的数据不必再重复学习。

（3）新加入的数据一旦被学习完成，便融入整个数据中，无须重复计算，不再占用系统储存和运算空间。

（4）无须知道系统的先验知识，对系统一共有多少组待训练的数据不做要求。

OS-ELM 方法的基本运算结构如图 5.1 所示。

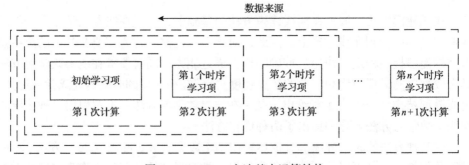

图 5.1　OS-ELM 方法基本运算结构

初始建模只利用系统的初始训练数据集，对于后期每一个新加入系统的成块（单值）数据集，仅需进行相应的矩阵运算，再结合初始训练数据进行相应的矩阵运算，即可完成对模型的刷新与重构。

将 OS-ELM 方法与 Karhunen-Loève 方法结合，可应用到对于热过程的时空温度场建模中。具体的运算方法如下。

首先，在离线状态下采集温度场的输入，即温度信息，要求传感器布置位置能够覆盖所需建模的空间，传感器的数量足够多，数据的总时间长度足够长。对此数据组利用 Karhunen-Loève 方法进行时空分离。确定满足精度要求的空间基函数个数，得到空间基函数 $\phi_i(x)$ 与相应的时间系数 $a_i(t)$。

然后，在在线状态下，采集输入信号与温度的实时信息，在数据量达到初始训练集的时间长度 N_0 后，对其进行时空分离，得到时间系数，并构成初始训练数据集 $\aleph_0 = \{u_i(t), a_j(t)\}$，其中，$t = 1, 2, \cdots, N_0$，$i = 1, 2, \cdots, m$，$j = 1, 2, \cdots, n$。按照 ELM 方法，在随机给定输入权值矩阵 α_k 和隐藏层偏置 b_s 后，根据式 (3.38)，可以得到输出权值矩阵的估计值为

$$\tilde{\beta}^{(0)} = G_0^\dagger A_0 \tag{5.1}$$

式中，$\tilde{\beta}^{(0)}$ 为根据初始训练数据集估计产生的输出权值矩阵；$G_0^\dagger$ 与 A_0 分别为初始训练数据集中的激活矩阵和输出时间系数矩阵。$N_0 \geqslant \text{rank}(G_0) = k$，$k$ 为隐藏层节点个数。当 $G_0^{\mathrm{T}} G_0$ 为非单值矩阵时，有

$$G_0^\dagger = (G_0^{\mathrm{T}} G_0)^{-1} G_0^{\mathrm{T}}, \text{且 } G_0^\dagger G_0 = I_k \tag{5.2}$$

若 $G_0^{\mathrm{T}} G_0$ 出现非单值情况，则可通过增加 N_0 个数，使其满足非单值条件。这一部分被称为 OS-ELM 方法的初始学习项。

假设第一个新加入系统的数据集为 $\aleph_1 = \{u_i(t), a_j(t)\}$，其中 $i = 1, 2, \cdots, m$，$j = 1, 2, \cdots, n$，$t = N_0 + 1, N_0 + 2, \cdots, N_0 + N_1$，$N_1$ 为该数据块的时间长度。对于整个数据集 $\{\aleph_0 + \aleph_1\}$，其激活矩阵和输出的时间系数矩阵变为

$$\begin{bmatrix} G_0 \\ G_1 \end{bmatrix} = \begin{bmatrix} g(\alpha_k, b_1, u_i(1)) & \cdots & g(\alpha_k, b_k, u_i(1)) \\ \vdots & & \vdots \\ g(\alpha_k, b_1, u_i(N_0)) & \cdots & g(\alpha_k, b_k, u_i(N_0)) \\ g(\alpha_k, b_1, u_i(N_0+1)) & \cdots & g(\alpha_k, b_k, u_i(N_0+1)) \\ \vdots & & \vdots \\ g(\alpha_k, b_1, u_i(N_1)) & \cdots & g(\alpha_k, b_k, u_i(N_1)) \end{bmatrix}_{N_1 \times k} \tag{5.3}$$

$$A_{(0+1)} = \begin{bmatrix} A_0 \\ A_1 \end{bmatrix} = \begin{bmatrix} a_1(1) & \cdots & a_n(1) \\ \vdots & & \vdots \\ a_1(N_0) & \cdots & a_n(N_0) \\ a_1(N_0+1) & \cdots & a_n(N_0+1) \\ \vdots & & \vdots \\ a_1(N_1) & \cdots & a_n(N_1) \end{bmatrix}_{N_1 \times n} \tag{5.4}$$

那么，根据式(5.3)和式(5.4)，输出权值矩阵的估计值为

$$\tilde{\beta}^{(1)} = G_{(0+1)}^{\dagger} A_{(0+1)} = \left(\begin{bmatrix} G_0 \\ G_1 \end{bmatrix}^{\mathrm{T}} \begin{bmatrix} G_0 \\ G_1 \end{bmatrix} \right)^{-1} \begin{bmatrix} G_0 \\ G_1 \end{bmatrix}^{\mathrm{T}} \begin{bmatrix} A_0 \\ A_1 \end{bmatrix} = \left[G_0^{\mathrm{T}} G_0 + G_1^{\mathrm{T}} G_1 \right]^{-1} \left[G_0^{\mathrm{T}} A_0 + G_1^{\mathrm{T}} A_1 \right]$$

(5.5)

根据式(5.2)，将式(5.5)化为

$$\begin{aligned}
\tilde{\beta}^{(1)} &= (G_0^{\mathrm{T}} G_0 + G_1^{\mathrm{T}} G_1)^{-1} \left[(G_0^{\mathrm{T}} G_0)(G_0^{\mathrm{T}} G_0)^{-1} G_0^{\mathrm{T}} A_0 + G_1^{\mathrm{T}} A_1 \right] \\
&= (G_0^{\mathrm{T}} G_0 + G_1^{\mathrm{T}} G_1)^{-1} \left[(G_0^{\mathrm{T}} G_0)\tilde{\beta}^{(0)} + G_1^{\mathrm{T}} A_1 \right] \\
&= (G_0^{\mathrm{T}} G_0 + G_1^{\mathrm{T}} G_1)^{-1} \left[(G_0^{\mathrm{T}} G_0 + G_1^{\mathrm{T}} G_1)\tilde{\beta}^{(0)} + G_1^{\mathrm{T}} A_1 - G_1^{\mathrm{T}} G_1 \tilde{\beta}^{(0)} \right] \\
&= \tilde{\beta}^{(0)} + (G_0^{\mathrm{T}} G_0 + G_1^{\mathrm{T}} G_1)^{-1} G_1^{\mathrm{T}} (A_1 - G_1 \tilde{\beta}^{(0)})
\end{aligned}$$

(5.6)

式(5.6)便是对于第一组新加入系统的数据块而得到新的输出权值矩阵的估计值。现将其推广到更普遍的形式。对于新加入系统的第 q 个长度为 N_q 的数据集 $\aleph_q = \{u_i(t), a_j(t)\}$，其中 $t = N_f + 1, N_f + 2, \cdots, N_f + N_q$，$i = 1,2,\cdots,m$，$j = 1,2,\cdots,n$。$N_f$ 表示之前所有累加的数据块长度之和，为

$$N_f = \sum_{i=0}^{q-1} N_i$$

(5.7)

这一部分被称为 OS-ELM 的时序学习项。那么，第 q 个数据块加入后的输出权值矩阵的估计值 $\tilde{\beta}^{(q)}$ 为

$$\tilde{\beta}^{(q)} = \tilde{\beta}^{(f)} + \left(G_{(f)}^{\mathrm{T}} G_{(f)} + G_q^{\mathrm{T}} G_q \right)^{-1} G_q^{\mathrm{T}} \left(A_q - G_q \tilde{\beta}^{(f)} \right)$$

(5.8)

式中，$\tilde{\beta}^{(f)}$ 和 $G_{(f)}$ 分别为之前一次即第 $q-1$ 个数据块加入系统后所计算出的输出权值矩阵的估计值和此时整个系统经过运算得到的激活矩阵；G_q 与 A_q 分别为加入的第 q 个数据块的激活矩阵和时间系数矩阵。

OS-ELM 方法可以总结为如下几步。

(1)对于初始学习项 $\aleph_0$，利用该初始数据组建立初始的 ELM 模型。即在设置隐藏层节点个数后，随机生成输出层权值矩阵 α_k 和偏置 b_s；通过最小二乘法估计初始学习项的输出权值矩阵 $\tilde{\beta}^{(0)}$。

(2)对于第 1 个时序学习项 $\aleph_1$，通过式(5.6)，计算出此刻的输出权值矩阵估计值 $\tilde{\beta}^{(1)}$，得到此刻整个系统的激活矩阵 $G_{(0+1)}$。

（3）对于每一个新加入系统的时序学习项 $\aleph_q$，根据上一步中计算的整个系统的激活矩阵 $G_{(f)}$ 计算新加入系统的数据块的激活矩阵 G_q 与时间系数矩阵 A_q，并根据式（5.8）计算此刻的输出权值矩阵估计值 $\tilde{\beta}^{(q)}$。

值得一提的是，OS-ELM 方法并不局限于对成块加入系统的数据组进行在线学习，对以单值形式逐一加入系统的数据也有在线学习能力，即令 $N_i \equiv 1$。然而，在这种情况下，对于温度场的在线预测，在线建模方法相当于每次只能预测一个时刻的温度值，这对在线建模来说并没有太大的实际意义。因为仅对后一个时刻进行预测，控制方法需要频繁地修正参数，而在实际情况下，过于频繁地修改参数对于实际温度系统是烦琐而无意义的。

5.2　改进的在线参数学习优化方法

5.2.1　基于 FAOS-ELM 的在线参数学习优化方法

通过对 5.1 节中 Liang 等提出的 OS-ELM 方法进行仿真（相应的仿真结果将下文中呈现），可以说明 OS-ELM 方法的确能够准确、快速地对数据进行有效的在线学习，并在数据不断加入后完成模型的更新。然而相对来说，热过程是一种比较耗时的过程。从式（5.6）可以看出，OS-ELM 是一种累加式的在线学习方法，随着过程的持续，不断加入的数据会让整个系统的待训练数据数量持续增加。OS-ELM 对于每一组新加入系统的数据块，都要将前一次学习得到的整个数据的激活矩阵再次代入到计算中，使得激活矩阵随着数据量的不断增加而增加。随着过程时间的延长，激活矩阵的容量不断增大。增加的数据会加重系统的计算负担并占用大量内存空间。

就单个热过程而言，过程中后期输入与温度之间的动态响应可能和过程前期的有所差别，数据的不断累加并不一定能提高系统的预测精度。换言之，在过程前期所积累的动态数据对于后期模型辨识的精度贡献不大。那么，过多的数据不仅会降低建模速度，还有可能影响模型的精度。所以，有必要研究一种新的在线学习方法，能够在保证模型精度的基础上，除去冗余的、不重要的前期数据，进而提高模型后期的运算速度。

FAOS-ELM 是一种在 OS-ELM 基础上改进而来的在线数据学习方法，不再使用 OS-ELM 不断叠加式的在线训练结构，而是采取固定步长的学习方法，将早期的计算数据排除，释放计算机的空间，提高运算效率。FAOS-ELM 方法的基本结构如图 5.2 所示。

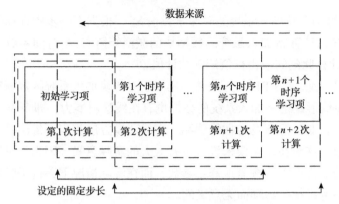

图 5.2　FAOS-ELM 方法基本结构示意图

　　FAOS-ELM 和 OS-ELM 一样，需要一个建立模型的初始学习项 $\aleph_0$。之后随着新数据块的不断加入，整个系统需要学习的数据组不断累加，在未达到预设定的训练最大步长时，按照 OS-ELM 的运算规则，即式 (5.8)，对输出权值矩阵进行运算。

　　随着系统数据的不断加入，假设在第 $v+1$ 组数据加入到系统后，系统所存有的数据组总数超过了训练的最大步长，此时，要去除最早加入系统的数据组。设新加入的数据的激活矩阵与时间系数矩阵分别为 $G_{(v+1)}$ 与 $A_{(v+1)}$。系统训练的固定步长为 ℓ，在第 $v+1$ 组数据加入后，整个系统的数据总数为

$$N_{(v+1)} = \sum_{i=0}^{v+1} N_i \tag{5.9}$$

则需要去除的数据个数为

$$\delta = N_{(v+1)} - \ell \tag{5.10}$$

　　假设这部分数据为 $\aleph_\delta = \{u_i(t), a_j(t)\}$，其中 $t=1,2,\cdots,\delta$，$i=1,2,\cdots,m$，$j=1,2,\cdots,n$，$u_i(t)$ 与 $a_j(t)$ 分别为对应的输入信号与输出量时间系数。对应的激活矩阵和时间系数矩阵分别为 G_δ 与 A_δ。假设上一刻整个系统的激活矩阵与时间系数矩阵分别为

$$G_{(v)} = \begin{bmatrix} G_\delta \\ G_r \end{bmatrix}, \quad A_{(v)} = \begin{bmatrix} A_\delta \\ A_r \end{bmatrix} \tag{5.11}$$

在输入第 $v+1$ 组数据并去除初始的 δ 个数据后，需要利用的数据组的激活矩阵与时间系数矩阵分别为

$$G_{(v+1)} = \begin{bmatrix} G_r \\ G_{v+1} \end{bmatrix}, \quad A_{(v+1)} = \begin{bmatrix} A_r \\ A_{v+1} \end{bmatrix} \tag{5.12}$$

根据 ELM 方法，此时输出权值矩阵的估计值为

$$\tilde{\beta}^{(v+1)} = G_{(v+1)}^{\dagger} A_{(v+1)} \tag{5.13}$$

与 OS-ELM 类似，要求初始学习项所包含的数据组个数不少于隐藏层节点个数，所以此时的 $G_{(v+1)}$ 一定为非单值矩阵，有

$$
\begin{aligned}
\tilde{\beta}^{(v+1)} &= \left(G_{(v+1)}^{\mathrm{T}} G_{(v+1)} \right)^{-1} G_{(v+1)}^{\mathrm{T}} A_{(v+1)} \\
&= \left(\begin{bmatrix} G_r \\ G_{v+1} \end{bmatrix}^{\mathrm{T}} \begin{bmatrix} G_r \\ G_{v+1} \end{bmatrix} \right)^{-1} \begin{bmatrix} G_r \\ G_{v+1} \end{bmatrix}^{\mathrm{T}} \begin{bmatrix} A_r \\ A_{v+1} \end{bmatrix} \\
&= \left(G_r^{\mathrm{T}} G_r + G_{\delta}^{\mathrm{T}} G_{\delta} + G_{v+1}^{\mathrm{T}} G_{v+1} - G_{\delta}^{\mathrm{T}} G_{\delta} \right)^{-1} \left(G_r^{\mathrm{T}} A_r + G_{\delta}^{\mathrm{T}} A_{\delta} + G_{v+1}^{\mathrm{T}} A_{v+1} - G_{\delta}^{\mathrm{T}} A_{\delta} \right) \\
&= \left(G_{(v)}^{\mathrm{T}} G_{(v)} + G_{v+1}^{\mathrm{T}} G_{v+1} - G_{\delta}^{\mathrm{T}} G_{\delta} \right)^{-1} \left(G_{(v)}^{\mathrm{T}} A_{(v)} + G_{v+1}^{\mathrm{T}} A_{v+1} - G_{\delta}^{\mathrm{T}} A_{\delta} \right)
\end{aligned}
\tag{5.14}
$$

式中的 $G_{(v)}^{\mathrm{T}} G_{(v)}$ 与 $G_{(v)}^{\mathrm{T}} A_{(v)}$ 都是经上一步计算而保留下来的。所以，只需计算每一次新加入的数据组 $G_{v+1}^{\mathrm{T}} G_{v+1}$ 与 $G_{v+1}^{\mathrm{T}} A_{v+1}$ 以及被除去的数据组 $G_{\delta}^{\mathrm{T}} G_{\delta}$ 与 $G_{\delta}^{\mathrm{T}} A_{\delta}$ 即可。对于此后加入系统的新数据组，依然可用式(5.14)来与数据权值矩阵进行估计。

FAOS-ELM 方法总结为以下五步。

(1)设置初始学习项 $\aleph_0$ 的隐藏层节点个数，随机生成输出层权值矩阵 α_k 和偏置 b_s；通过最小二乘法估计初始学习项的输出权值矩阵 $\tilde{\beta}^{(0)}$。

(2)设定固定步长 ℓ，要求 $\ell \geqslant N_0 + N_1$，即步长不小于初始学习项与第一个时序学习项的时间长度之和。

(3)对于第 1 个时序学习项 $\aleph_1$，通过式(5.5)，计算此刻的输出权值矩阵估计值 $\tilde{\beta}^{(1)}$，计算此刻整个系统的激活矩阵 $G_{(0+1)}$。

(4)对于每一个新加入系统的时序学习项 $\aleph_q$，首先判断加入后整个系统的时间长度是否超过设定的固定步长 ℓ，若没有超过，则按 OS-ELM 方法继续构建模型，直至超过；若超过，则去除最早加入系统的相应数据组，去除的个数为两者之差。

(5)步骤(4)之后每加入一个新的时序学习项 $\aleph_q$，都要从最早的数据组中去除相应的数据，再根据式(5.14)对输出权值矩阵进行估计，从而完成建模。

存在一种特殊情况，当设定的固定步长 ℓ 和初始学习项时间长度 N_0 是每个时序学习项所包含数据个数(设为 N)的整数倍时，即

$$\begin{cases} \ell = \eta N \\ N_0 = \theta N \end{cases},\ \eta、\theta 为正整数且 \eta、\theta 大于 1 \tag{5.15}$$

在第 $\eta - \theta + 1$ 个时序学习项加入系统后,所要删除的即为第 1 个时序学习项的数据。此后,每加入一个新的时序学习项,对应去除的数据即为此时最早时刻的整个时序学习项的数据,在式 (5.14) 中,对应的为 $G_\delta^T G_\delta$ 与 $G_\delta^T A_\delta$。此两项便化为最早时刻的 $G_v^T G_v$ 与 $G_v^T A_v$,是已经运算过的数据。这样就能进一步加快系统的运算速度,更适应于在线应用。

5.2.2　基于 CAOS-ELM 的在线参数学习优化方法

根据 OS-ELM 和 FAOS-ELM 两种方法的仿真实验可以得出,模型精度与建模数据量(即步长)息息相关;同时,建模所耗费的时间会随着步长的不断增大而增加。如何在在线建模的过程中寻找到模型精度与耗时的一个中和点,是所提出新的在线时序建模方法所要考虑的核心问题。模型需要在不断的时序建模中,自适应地寻找一个可以满足精度要求的合适步长,以在保证模型预测精度的同时,用更少的时间来完成运算。

本节提出一种新的在线时序建模方法,即 CAOS-ELM,它是在 OS-ELM 和 FAOS-ELM 方法的基础上形成的。CAOS-ELM 的最大特点是既改变了 OS-ELM 单方向累加式低效的数据处理模式,又不再受 FAOS-ELM 的固定步长的限制,而是根据实际建模需要提供一种可以变步长的在线学习方法。变步长是指模型在每一次判断所预测数据的准确程度之后,自动做出如下选择。

(1) 若模型的预测精度下降,那么基于现有数据信息,将无法有效反映系统的动态响应,故应保持累加的在线建模方式来获取更多的系统信息。

(2) 若模型的预测精度增加,那么可以认为,现有的用于建模的数据信息能够以合适的精度来模拟系统的动态响应,再增加的数据都是多余的,故模型将最早加入系统的响应数据排除出系统,不予计算。

在这里,判断模型的预测精度采用最小均方误差指标,即 RMSE 值。对于温度场的在线建模,依然选用 Karhunen-Loève 方法作为时空分离工具,从而形成了基于 KL-CAOS-ELM 方法的温度场在线时空模型。KL-CAOS-ELM 方法基本流程图如图 5.3 所示。

需要指出的是,基于 KL-CAOS-ELM 的时空模型的步长是可变动的,而 FAOS-ELM 方法属于固定步长的在线方法。FAOS-ELM 方法的缺点是当 RMSE 逐步降低时,系统在加入 N_v 个数据后,要从用于训练模型的数据中去除最早的 N_v 个数据;但当 RMSE 逐步增加时,系统默认不去除数据,这意味着在 FAOS-ELM 方法下系统的步长只能是递增的。

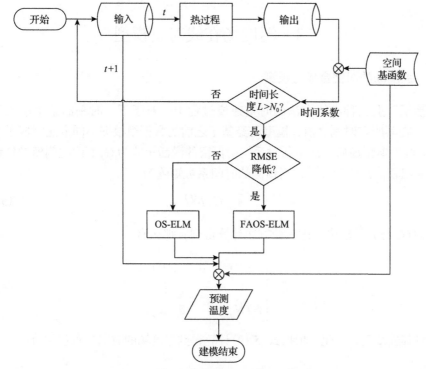

图 5.3　KL-CAOS-ELM 方法基本流程图

　　这里对 CAOS-ELM 方法中的 FAOS-ELM 稍作改动，使得系统的步长不仅可以增加，在精度条件好的情况下也可以减少。

　　在满足 RMSE 递减的情况下，CAOS-ELM 进行 FAOS-ELM 运算建模。设系统在进行时序学习项学习时加入一组长度为 N_v 的数据，那么应去除的数据个数为

$$N_{\text{delete}} = N_v + [\lambda \cdot \Delta \cdot N_v] \tag{5.16}$$

式中，Δ 为激活函数，表示仅当 RMSE 值下降比例超过 μ 时才会额外减小系统的建模步长，即

$$\Delta = \varepsilon\left(\frac{\text{RMSE}(t-2) - \text{RMSE}(t-1)}{\text{RMSE}(t-2)} - \mu\right), \quad \varepsilon(x) = \begin{cases} 1, & x \geqslant 0 \\ 0, & x < 0 \end{cases}$$

RMSE$(t-1)$ 与 RMSE$(t-2)$ 分别为 $t-1$ 时刻的 RMSE 值与 $t-2$ 时刻的 RMSE 值，μ 为缩减步长阈值；$[\lambda \cdot \Delta \cdot N_v]$ 为每次系统额外减少的步长为新加数据组长度的 λ 倍，向下取整。

5.3　温度场在线时空模型

5.3.1　温度场的时空合成与预测

基于以上三种在线方法的时空建模过程中，对于下一时刻的某个输入信号 $u_i'(t)$，在其所在时刻之前，模型已经基于之前的数据组根据不同方法完成了参数更新。假设模型最后一次更新时系统中保留的激活矩阵为 G_f，而此刻模型估计得到的输出权值矩阵为 $\tilde{\beta}^{(f)}$，则预测的时间系数矩阵为

$$\tilde{A} = G_f \tilde{\beta}^{(f)} \tag{5.17}$$

式中的 G_f 与 $\tilde{\beta}^{(f)}$ 都按上述三种方法计算得到，那么有

$$\tilde{A} = \begin{bmatrix} \tilde{a}_1(1) & \cdots & \tilde{a}_n(1) \\ \vdots & & \vdots \\ \tilde{a}_1(N_q) & \cdots & \tilde{a}_n(N_q) \end{bmatrix} \tag{5.18}$$

对其进行反归一化，根据式(5.19)计算得到温度场的时空分布预测值：

$$\tilde{y}(x,t) = \sum_{i=1}^{n} \phi_i(x)\tilde{a}_n(t), \quad t = 1,2,\cdots,N_q \tag{5.19}$$

5.3.2　温度场在线时空建模步骤

三种温度场在线时空模型建立与预测的过程在时空分离与初始学习项学习的步骤都是相同的，可以归纳为如下五步。

(1)不断从热过程中产生实验数据，直到数据长度为设定的初始学习项的时间长度 N_0。

(2)利用已经获得的空间基函数 $\phi_i(x)$，对初始学习项中的输出温度进行时空分离，得到相应的时间系数，并进行归一化。

(3)随机生成输入权重和隐藏层偏置，并根据 OS-ELM 方法，对初始学习项进行训练，得到基于初始学习项数据的输出权值矩阵的估计值 $\tilde{\beta}^{(0)}$。

(4)对于即将加入系统的第 1 个时序学习项的输入信号(在实际中，应由控制器预先计算产生)，通过已经建立的初始学习项的模型，根据式(5.17)对时间系数的估计值 $\tilde{A}_1$ 进行计算。

(5)步骤(4)得到的时间系数估计值 $\tilde{A}_1$ 经反归一化，与空间基函数 $\phi_i(x)$ 进行时空合成，得到第 1 个时序学习项的温度场预测值 $\tilde{y}_1(x,t)$。

对于基于 KL-OS-ELM 的时空模型，此后的步骤如下：

(6) 当第 1 个时序学习项的输入信号和输出温度数据块(由实验测得)加入到系统时，首先进行时空分离得到对应的时间系数，按式(5.6)计算此时已更新的系统输出权值矩阵的估计值 $\tilde{\beta}^{(1)}$，并计算之前所有数据的激活矩阵 G_1 保存待用。

(7) 根据下一个即将加入系统的时序学习项的输入信号，利用 $\tilde{\beta}^{(1)}$ 与式(5.17)计算时间系数的估计值，再经过反归一化，与空间基函数进行时空合成，得到下一时序学习项的温度场预测值。

(8) 随着时序学习项不断加入系统，不断重复步骤(7)和(8)直到实验结束。

对于基于 KL-FAOS-ELM 的时空模型，上述(5)之后的步骤如下：

(6) 当有一个新的时序学习项 $\aleph_v$ 加入系统时，首先对其进行时空分离，得到对应的时间系数。判断此刻系统内的数据量长度 N_v 与设定的固定步长 ℓ 之间的大小关系。若 $N_v \leqslant \ell$，则继续按 KL-OS-ELM 方法的步骤(6)～(8)进行建模与预测，每次计算保留 $G_{(v)}$ 与 $A_{(v)}$。

(7) 若 $N_{(v+1)} > \ell$，则继续如下步骤。当第 $v+1$ 个时序学习项加入到系统中时，同样对该组数据进行时空分离，得到时间系数。计算该项 $G_{(v+1)}$ 与 $A_{(v+1)}$；计算被除去的 $\delta = N_{(v+1)} - \ell$ 组数据 G_δ 与 A_δ；根据式(5.14)计算此时输出权值矩阵的估计值 $\tilde{\beta}^{(v+1)}$，并保存此时的 $G_{(v+1)}$ 与 $A_{(v+1)}$。

(8) 对于下一个即将加入系统的时序学习项的输入信号，根据式(5.17)计算时间系数的估计值，经过反归一化，与空间基函数进行时空合成，得到下一个时序学习项的温度场预测值。

(9) 随着时序学习项不断加入系统，不断重复步骤(7)和(8)直到实验结束。

对于基于 KL-CAOS-ELM 的时空模型，上述(5)之后的步骤如下：

(6) 当有一个新的时序学习项 $\aleph_v$ 加入系统时，首先对其进行时空分离，得到对应的时间系数。对于第 1 个、第 2 个时序学习项，按 KL-OS-ELM 方法中步骤(6)、(7)进行计算，并计算每一个时序学习项的实测数据与预测数据(预测数据是由上一次计算得来)的 RMSE 值。

(7) 比较相邻两次的 RMSE 值，若 RMSE 值呈增加趋势，则继续按 KL-OS-ELM 方法进行模型参数的更新；若 RMSE 值呈减少趋势，则按 KL-FAOS-ELM 或 KL-CAOS-ELM 方法进行模型参数的更新。

(8) 随着时序学习项不断加入系统，不断重复步骤(7)和(8)直到实验结束。

5.4　温度场在线时空模型的仿真分析

5.4.1　温度场在线时空模型仿真实验一

本节采用与第 2 章相同结构的化学反应棒的热过程进行仿真。其输入信号的产生与热过程的机理公式均与第 2 章所述一致，具体过程在本节不做赘述。分别利用 KL-OS-ELM、KL-FAOS-ELM 和 KL-CAOS-ELM 三种方法对此热过程进行基于数据的建模分析与温度预测。

在离线情况下，产生 1000 组仿真数据（采样时间 $\Delta t = 0.01s$，即实际时间为 10s），用于空间基函数的学习。学习方法采用 Karhunen-Loève 方法。根据"能量法"，选取占系统总能量 99.999% 的前 3 个特征值对应的特征向量。由此得到的空间基函数如图 5.4 所示。将学习获得的空间基函数保存备用。利用相同的过程，产生 5000 组（50s）仿真数据（包括输入信号与输出的温度值），用来模拟在线过程，得到的输出温度分布随时间变化图如图 5.5 所示。在该化学反应棒的仿真实验中，三种在线时空建模方法的参数设置如表 5.1 所示。

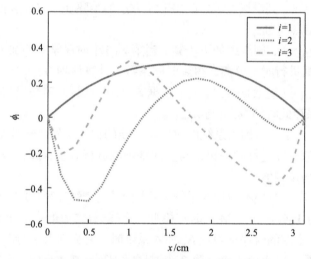

图 5.4　仿真实验一得到的前三阶空间基函数

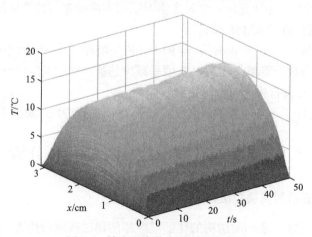

图 5.5　输出温度分布随时间变化图

表 5.1　三种在线时空建模方法的参数设置(仿真实验一)

方法	激活函数	隐藏层节点个数	初始学习项时间长度(数据个数)	时序学习项时间长度(数据个数)	固定步长(数据个数)
KL-OS-ELM	Sigmoid	70	400	20	—
KL-FAOS-ELM	Sigmoid	70	400	20	1400
KL-CAOS-ELM	Sigmoid	70	400	20	—

三种在线时空建模方法预测得到的第 1 组时间系数 $a_1(t)$ 与实测值对比如图 5.6 所示。

经过时空合成后，三种在线时空建模方法的预测温度值的误差分别如图 5.7 所示。

使用误差指标 ARE 计算三种在线时空建模方法的相对误差,分别如图 5.8 所示。

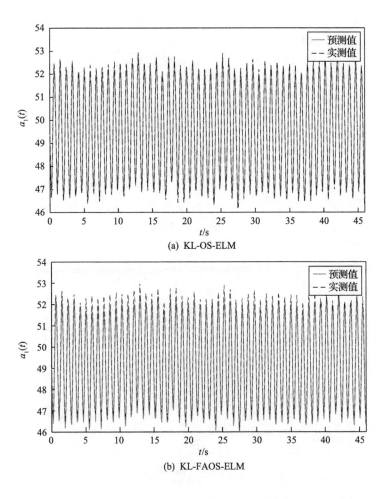

(a) KL-OS-ELM

(b) KL-FAOS-ELM

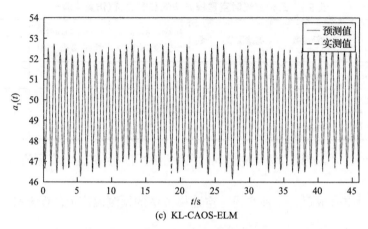

(c) KL-CAOS-ELM

图 5.6 三种在线时空建模方法预测得到的第 1 组时间系数 $a_1(t)$ 与实测值比较图(仿真实验一)

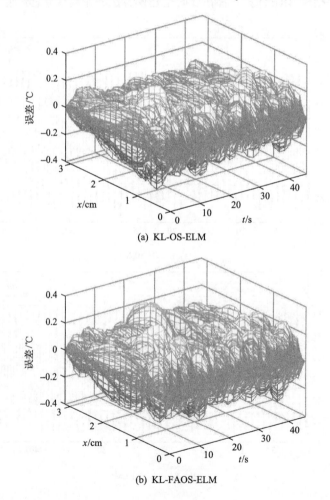

(a) KL-OS-ELM

(b) KL-FAOS-ELM

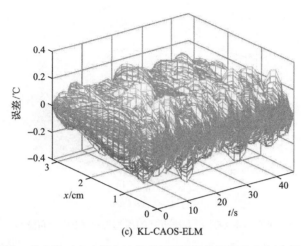

(c) KL-CAOS-ELM

图 5.7　利用三种在线时空建模方法得到预测温度值的误差分布图(仿真实验一)

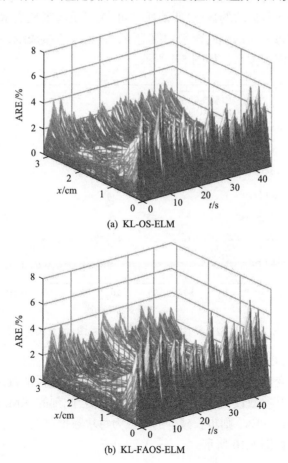

(a) KL-OS-ELM

(b) KL-FAOS-ELM

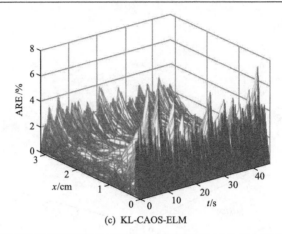

(c) KL-CAOS-ELM

图 5.8　利用三种在线时空建模方法得到的预测温度 ARE 分布图(仿真实验一)

在相同运算能力的情况下,记录三种在线时空建模方法每更新轮次(包括一次模型参数的更新和一次数据块的预测)所消耗时间,为了更清晰地表示所消耗时间的变化趋势,在此将每三次的耗时取平均值记录,并依次连接成线,得到模型更新耗时与相应轮次之间的关系,如图 5.9 所示。

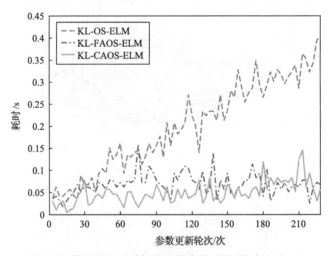

图 5.9　模型更新耗时与相应轮次关系图(仿真实验一)

特别地,KL-CAOS-ELM 方法是一种变步长的在线时空建模方法,其步长随着模型更新不断变化。设满足预定 RMSE 要求时,步长减少的数量按式(5.16)所描述的方式计算。其参数设为 $\mu=50\%$,$\lambda=1$,表示若此刻的 RMSE 比上一时刻的 RMSE 减少量超过 50%,则步长减少的个数为每块数据量的 1 倍,即 20 个,得到的步长变化曲线如图 5.10 所示。

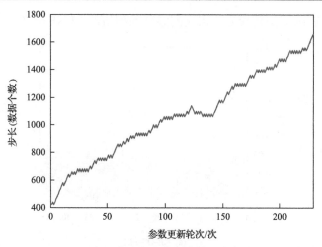

图 5.10　KL-CAOS-ELM 方法中步长变化与参数更新轮次关系图(仿真实验一)

　　三种在线时空建模方法得到的预测温度与实测温度在 4600 个预测数据(46s)中的绝对误差最大值、ARE 最大值与总耗时如表 5.2 所示。为了更直观地观测模型的预测误差随时间变化的趋势,将 4600 个数据分为 5 块,利用 RMSE 指标来表示三种在线时空模型的预测精度。数据块范围与其对应的 RMSE 值如表 5.3 所示。

表 5.2　三种在线时空建模方法预测精度与耗时表(仿真实验一)

方法	绝对误差最大值/℃	ARE 最大值/%	总耗时/s
KL-OS-ELM	0.3394	6.48	30.37339
KL-FAOS-ELM	0.3447	7.42	15.74050
KL-CAOS-ELM	0.3254	7.41	11.45073

表 5.3　数据块范围与其对应的 RMSE 值表(仿真实验一)

方法	不同数据块范围对应的 RMSE					
	1~800	801~1800	1801~2800	2801~3800	3801~4600	1~4600
KL-OS-ELM	0.0685	0.0599	0.0587	0.0558	0.0613	0.0606
KL-FAOS-ELM	0.0672	0.0606	0.0611	0.0577	0.0613	0.0614
KL-CAOS-ELM	0.0695	0.0604	0.0585	0.0557	0.0616	0.0610

　　为了更好地表现三种在线时空建模方法在时间维度上的误差分布,选用相对 2-范数误差(relative L_2 norm error, RLNE),其表达式为

$$\mathrm{RLNE}(t) = \sqrt{\frac{\displaystyle\sum_{i=1}^{N} E^2(x_i, t)}{\displaystyle\sum_{i=1}^{N} y^2(x_i, t)}} \times 100\% \tag{5.20}$$

利用三种在线时空建模方法得到的温度预测值的 RLNE 分布如图 5.11 所示。

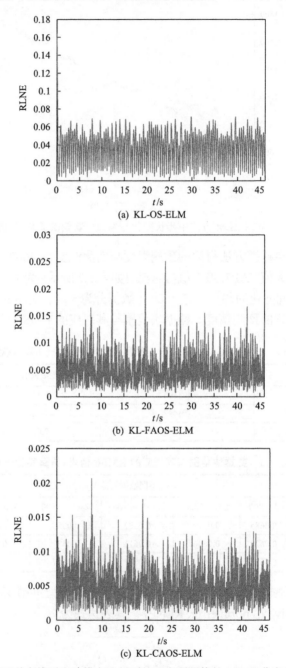

(a) KL-OS-ELM

(b) KL-FAOS-ELM

(c) KL-CAOS-ELM

图 5.11　利用三种在线时空建模方法得到的温度预测值的 RLNE 分布(仿真实验一)

为了研究模型各参数对预测精度和耗时的影响，现改变基于 KL-OS-ELM 的时空模型的初始学习项时间长度、时序学习项时间长度及隐藏层节点个数等参数，得到对应的 RMSE 值和预测耗时如表 5.4～表 5.6 所示。为了更直观地比较，这里将初始学习项时间长度为 400、时序学习项时间长度为 20、隐藏层节点个数为 70 的仿真实验作为比较标准。由于改变了初始学习项时间长度和时序学习项时间长度，每种情况的总共运算次数会不同，为了表示每次运算耗时，这里引入平均耗时的概念，其按式 (5.21) 进行计算：

$$平均耗时 = \frac{总耗时}{计算次数}$$

$$计算次数 = \frac{总数据量 - 初始学习项时间长度}{时序学习项时间长度}$$

$$(5.21)$$

表 5.4　初始学习项时间长度对模型的影响

初始学习项时间长度	时序学习项时间长度	隐藏层节点个数	不同数据块范围对应的 RMSE				总耗时/s	平均耗时/s
			1～800	801～2600	2601～4600	全局		
150	20	70	0.0857	0.0619	0.0586	0.0650	31.0910	0.1279
200	20	70	0.0792	0.0614	0.0594	0.0639	31.6526	0.1319
400	20	70	0.0685	0.0589	0.0588	0.0606	30.3734	0.1321
600	20	70	0.0677	0.0606	0.0582	0.0610	31.1222	0.1415

表 5.5　时序学习项时间长度对模型的影响

初始学习项时间长度	时序学习项时间长度	隐藏层节点个数	不同数据块范围对应的 RMSE				总耗时/s	平均耗时/s
			1～800	801～2600	2601～4600	全局		
400	1	70	0.0324	0.0313	0.0314	0.0315	617.358	0.1342
400	10	70	0.0562	0.0483	0.0469	0.0492	60.9184	0.1324
400	20	70	0.0685	0.0589	0.0588	0.0606	30.3734	0.1321
400	50	70	0.0891	0.0732	0.0762	0.0775	12.1681	0.1323
400	100	70	0.0868	0.0774	0.0786	0.0796	6.53644	0.1421

表 5.6　隐藏层节点个数对模型的影响

初始学习项时间长度	时序学习项时间长度	隐藏层节点个数	不同数据块范围对应的 RMSE				总耗时/s	平均耗时/s
			1～800	801～2600	2601～4600	全局		
400	20	50	0.0746	0.0625	0.0594	0.0635	17.9713	0.0781
400	20	70	0.0685	0.0589	0.0588	0.0606	30.3734	0.1321
400	20	100	0.0692	0.0597	0.0587	0.0610	48.4851	0.2108
400	20	150	0.0783	0.0605	0.0599	0.0637	85.7693	0.3729

为了观察固定步长对 KL-FAOS-ELM 方法的预测精度和耗时的影响，改变其固定步长，观察其预测误差指标 RMSE 与耗时的变化情况，如表 5.7 所示。

表 5.7　步长对 KL-FAOS-ELM 方法 RMSE 和耗时的影响

步长	不同数据块范围对应的 RMSE				总耗时/s	平均耗时/s
	1~800	801~2600	2601~4600	全局		
600	0.0727	0.0665	0.0937	0.0804	7.1448	0.03106
1000	0.0700	0.0607	0.0622	0.0631	10.4365	0.04538
1400	0.0678	0.0604	0.0599	0.0615	15.4285	0.06708
2000	0.0689	0.0597	0.0615	0.0621	19.4533	0.08458
2500	0.0692	0.0612	0.0603	0.0623	23.4938	0.10215

5.4.2　温度场在线时空模型仿真实验二

本节同样利用化学反应棒进行仿真建模研究。将反应棒的输入信号更改为式 (5.22) 所示的形式：

$$u_i(t) = a + (b + 2w(t)) \times e^{-\frac{i}{5}} \times \sin\left(\frac{c}{7}t + 2w(t)\right) - de^{-\frac{j}{20}} \times \sin(ct + 2w(t)) \tag{5.22}$$

式中，参数 a、b、c、d 的设置与数据量分配如表 5.8 所示。

表 5.8　输入信号的参数设置

参数	时间段				
	1~1600	1601~1700	1701~3300	3301~3400	3401~5000
a	0.3	1.3	2.2	3.1	5
b	1	0.5	1.5	0.5	1
c	50	55	60	65	70
d	0.2	0.1	0.2	0.1	0.2

仿真时间为 50s（采样时间 $\Delta t = 0.01$s，即产生 5000 个数据组），生成的输入信号及输出温度场分布如图 5.12 所示。

类似地，利用离线数据经过 Karhunen-Loève 方法，学习得到过程的空间基函数。根据"能量法"，选取占系统总能量 99.999% 的前 3 个特征值对应的特征向量。由此得到的空间基函数如图 5.13 所示。

利用上述三种在线时空建模方法构建时空模型。每种方法的参数设置如表 5.9 所示。

将 4600 组预测数据整合，三种在线时空建模方法预测得到的第 1 组时间系数的预测值与实测值对比图分别如图 5.14 所示。

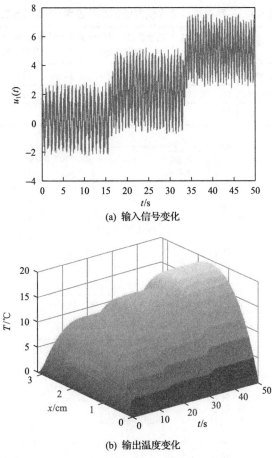

(a) 输入信号变化

(b) 输出温度变化

图 5.12　输入信号随时间变化图和输出温度场分布图

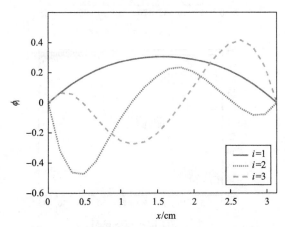

图 5.13　仿真实验二得到的前三阶空间基函数

表 5.9　三种在线时空建模方法的参数设置(仿真实验二)

方法	激活函数	隐藏层节点个数	初始学习项时间长度(数据个数)	时序学习项时间长度(数据个数)	固定步长(数据个数)
KL-OS-ELM	Sigmoid	50	400	10	—
KL-FAOS-ELM	Sigmoid	50	400	10	1400
KL-CAOS-ELM	Sigmoid	50	400	10	—

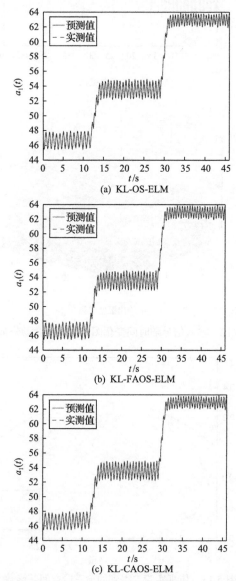

图 5.14　三种在线时空建模方法预测得到的第 1 组时间系数 $a_1(t)$ 与实测值比较图(仿真实验二)

按照相同步骤对数据进行在线学习建模和预测，得到的预测误差分布图如图 5.15 所示。

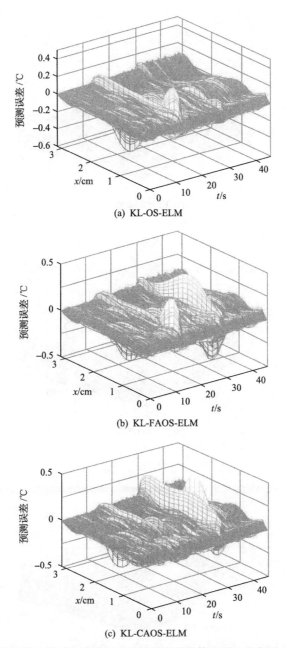

图 5.15　利用三种在线时空建模方法得到预测温度值的误差分布图（仿真实验二）

使用误差指标 ARE 来计算三种在线时空建模方法的相对误差，得到的误差分布图如图 5.16 所示。

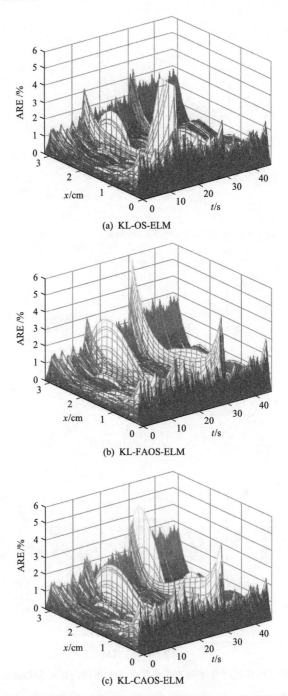

(a) KL-OS-ELM

(b) KL-FAOS-ELM

(c) KL-CAOS-ELM

图 5.16　利用三种在线时空建模方法得到的预测温度 ARE 分布图(仿真实验二)

同样地，将数据组分为 5 块，数据块范围和 RMSE 值如表 5.10 所示。

表 5.10　数据块范围与其对应的 RMSE 值表（仿真实验二）

方法	不同数据块范围对应的 RMSE					
	1~800	801~1800	1801~2800	2801~3800	3801~4600	1~4600
KL-OS-ELM	0.0230	0.0429	0.0326	0.0456	0.0431	0.0387
KL-FAOS-ELM	0.0232	0.0334	0.0315	0.0434	0.0442	0.0372
KL-CAOS-ELM	0.0240	0.0344	0.0308	0.0460	0.0423	0.0365

三种在线时空建模方法的预测精度与耗时表如表 5.11 所示。

表 5.11　三种在线时空建模方法的预测精度与耗时表（仿真实验二）

方法	绝对误差最大值/℃	ARE 最大值/%	总耗时/s
KL-OS-ELM	0.4450	5.48	41.96427
KL-FAOS-ELM	0.4529	6.74	11.46607
KL-CAOS-ELM	0.3447	5.34	13.16648

三种在线时空建模方法得到的温度预测值的 RLNE 分布如图 5.17 所示。在相同运算能力的情况下，记录三种在线时空建模方法每更新轮次（包括一次模型参数的更新和一次数据块的预测）所消耗时间，得到模型更新耗时与相应轮次之间的关系，如图 5.18 所示。

由于 KL-CAOS-ELM 方法的步长随着模型更新不断变化，设满足 RMSE 要求时，步长减少的数量按式(5.16)所描述的方式计算。其参数设为 $\mu = 50\%$，$\lambda = 1$，表示若此刻的 RMSE 比上一时刻的 RMSE 减少量超过 50%，则步长减少的个数为每块数据量的 1 倍，即 10 个，得到的步长变化曲线如图 5.19 所示。

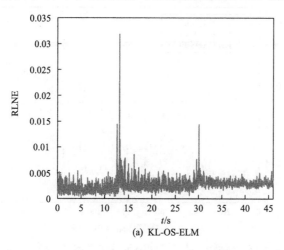

(a) KL-OS-ELM

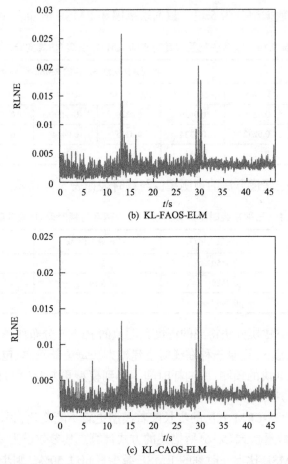

(b) KL-FAOS-ELM

(c) KL-CAOS-ELM

图 5.17　利用三种在线时空建模方法得到的温度预测值的 RLNE 分布(仿真实验二)

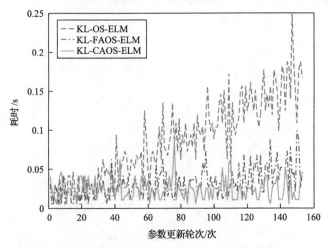

图 5.18　模型更新耗时与相应轮次关系图(仿真实验二)

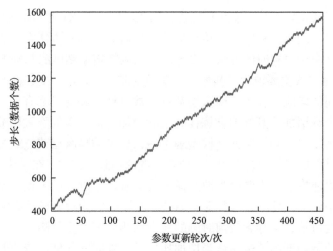

图 5.19　KL-CAOS-ELM 方法中步长变化与参数更新轮次关系图（仿真实验二）

5.4.3　仿真研究

仿真实验一与仿真实验二的温度场仿真数据都是由化学反应棒结构产生的，两者在输入信号上有较大差别，所产生的温度场随时间的变化也是截然不同的。前者为了展现在稳定工作点附近的在线建模效果，后者主要凸显当输入信号产生"阶跃式"变化时在线时空建模方法对热过程辨识的准确程度。

1. 仿真实验一

对于较稳定工况下的热过程，三种在线时空建模方法都展现了比较好的模型精度。首先，根据 Karhunen-Loève 方法，系统的第一阶空间基函数已经能够捕获系统 99.9%以上的"能量"。与之对应的第 1 组时间系数对系统输入，即动态响应贡献最大，在线建模方法对于其预测精度也在很大程度上影响了最终的模型预测精度。由图 5.6 可以看出，三种在线时空建模方法对于时间系数的辨识都是较精确的。进而从图 5.7、图 5.8 及表 5.2、表 5.3 中可以清晰看出，时空模型的预测精度是非常令人满意的。从图 5.11 的 RLNE 指标可以看出，三种在线时空建模方法对于热过程温度场在时间维度上的预测精度也是比较好的，且随着时间的增加，模型精度略有提高。然而，表 5.2 显示 KL-OS-ELM 方法的训练、预测过程的耗时较长。由于每种方法的预测过程都是一样的，且耗时都很短，可以判断，KL-OS-ELM 方法的训练过程耗时相对较长。从图 5.9 中可以看出，随着时间的推移，KL-OS-ELM 方法训练过程的耗时是逐渐增加的，进而造成了总耗时的增加。这是由累加式数据训练过程中每次不断增加的训练数据量造成的。那么可以推断，假设热过程继续进行下去，在某一时刻，每次训练耗时超过了系统的采样间隔，在线系统便无法正常工作。这也就是 KL-FAOS-ELM 及 KL-CAOS-ELM 时空建模方法主要解决的问题。从图 5.9 中可以清晰地看到，两种方法在训练耗时具有较大优势，且这两种更省时的方法并没有建立在牺牲模型精度的基础上。

表 5.4～表 5.6 主要说明了初始设定参数对基于 KL-OS-ELM 的时空模型的精度、运算时间的影响。首先，隐藏层节点个数对精度和耗时都有较大影响。随着隐藏层节点个数增加，其模型训练耗时不断增加，但过多的隐藏层节点个数并不能提高模型精度。这与神经网络模型理论中，过少的隐藏层节点或过多的隐藏层节点会导致模型的"欠拟合"和"过拟合"理论一致。因此，在采用 KL-OS-ELM 方法进行在线建模时，需要恰当地选择隐藏层节点个数，过多和过少都不合适。

其次，初始学习项时间长度对之后的模型训练时间没有较大影响。若初始学习项时间长度过短，会导致较前时刻的模型预测精度严重下降，但这种影响效果会随着模型的更新渐渐消失。适当增加初始学习项时间长度，较前时刻的模型预测精度便会明显增加。但并不是增加初始学习项时间长度一定会提高模型精度，初始学习项时间长度达到一定程度之后，各阶段的模型精度基本可以保持不变。故在设置基于 KL-OS-ELM 的时空模型的初始参数时，初始学习项时间长度宜长不宜短。

最后，时序学习项时间长度对模型精度会有一定程度的影响，但在过程输入较稳定时影响不大。由于 KL-OS-ELM 时空建模方法是一种累加式的参数学习方法，相对于单个时序学习项，减少项内数据的个数，只能减少在对应时刻进行模型参数更新训练所需的次数，对于训练时间的影响并无明显意义。实际上，时序学习项时间长度与实际系统过程的数据传输速度、控制器的运算速度等条件有较大关系，对应设置时应从系统角度上综合考量。

2. 仿真实验二

在系统输入出现"阶跃式"变化时，三种在线时空建模方法都展现了比较好的模型精度，但也有一些较为明显的差别。

从图 5.15 和图 5.16 的误差分布图可以看出，误差水平整体上较低，但在输入"阶跃点"处，三种在线时空模型的误差都出现了明显增大，此后，模型对于参数的更新会消除这个"突然增大"的误差导致的影响。

将三种在线模型进行对比可以发现，当系统输入"阶跃式"变化时，基于 KL-FAOS-ELM 与 KL-CAOS-ELM 的模型精度略优于基于 KL-OS-ELM 的在线时空模型。分析其可能的原因，该热过程早期的数据对后期的模型辨识精度并无太大作用，反而存在起反作用的可能性。这也说明并不是加入到系统的数据越多，模型的精度就越高。但加入到系统的数据量过少，却能导致整个精度剧烈下降。所以，在用 KL-FAOS-ELM 方法构建时空模型时，需要同时考虑速度与精度等因素，恰当地选择步长。

此外，在预测速度方面，基于优化方法建立的在线时空模型的速度同样是明显优于 KL-OS-ELM 方法的。

5.5　本章小结

本章首先介绍了传统的基于 ELM 结构的在线参数学习方法，即 OS-ELM；然后根据 OS-ELM 方法的不足，提出了两种新的优化方法，即 FAOS-ELM 和 CAOS-ELM，并将这三种方法与 Karhunen-Loève 方法结合，形成了三种在线时空建模方法，即 KL-OS-ELM、KL-FAOS-ELM 和 KL-CAOS-ELM；最后将这三种在线时空建模方法分别应用到两个化学反应棒的温度场仿真实验上：仿真实验一研究了在系统输入稳定的情况下，在线时空建模方法的建模表现；仿真实验二研究了在系统输入呈现"阶跃式"变化时，三种在线时空建模方法对于热过程的预测能力。

经过理论推导和仿真实验对比分析可知，所提出的三种在线时空建模方法对化学反应棒的热过程都具有较好的逼近能力。通过更改模型的固定参数，探讨了参数对在线模型精度与耗时的影响。相对而言，所提出的两种优化在线时空建模方法在系统输入变化波动较大时有更好的逼近能力，同时也更为省时，能够很好地解决基于 KL-OS-ELM 的时空模型在数据量大时出现的运算迟缓问题。

第6章 基于降阶观测器的在线时空模型

在工业应用过程中，由于环境变化、未知因素的影响以及时变动态的存在，仅仅使用离线模型进行预测往往达不到所期望的效果。为了保证模型的精度，研究者提出了很多在线时空建模方法[118-121]。与离线模型不同的是，这种在线建模方法可以根据环境或者未知因素的变化，自适应地调节模型的预测输出。因此，这种在线模型具有更好的鲁棒性，在工业上具有更高的应用价值。然而这些在线模型的在线策略主要依赖在线观测器的设计而实现，对于很多长时间尺度下的工业热过程，随着时间的推移，初始建立的离线模型往往会发生很大的漂移，即使为其设计一个观测器来矫正模型的预测输出，也会产生很大的偏差。因此，本章提出一种全新的基于降阶观测器的在线时空建模方法。这种在线模型的在线实现主要依赖：①降阶观测器的设计；②低阶时序模型的在线连续学习。对于降阶观测器的设计，主要是为低阶时序模型的输出加上一个补偿项，根据传感器的实时采集数据来估计低阶时序模型的真实输出。对于低阶时序模型的在线连续学习，主要基于建立好的离线模型，为其参数的更新设计一种在线连续学习算法。当有一批新的时空数据到来时，便可以更新模型的参数，从而提高模型的自适应能力以及预测精度。

对于在线建模，不仅要求模型具有很好的逼近能力，还要求模型的更新学习具有很快的运算速度。本章离线时空模型所使用的空间基函数学习方法为 LLE 方法，低阶时序模型使用的是第 3 章基于 ELM 的神经网络模型。这种模型不仅具有很高的精度，还具有很快的运算速度。本章为这种模型的参数设计一种在线连续学习算法，这种算法主要基于递推最小二乘法，因此在线连续计算过程具有很快的学习速度，可以适应在线学习的要求。

本章首先基于离线学习好的时空模型，建立一个基于降阶观测器的在线自适应时空模型，并且基于建立好的离线模型设计一个降阶观测器，使用李雅普诺夫稳定性理论证明其稳定性；然后使用传感器实时采集的数据来更新模型的参数以及估计低阶模型的真实输出；最后通过时空重构实时得到整个温度场的分布。为了验证这种在线时空模型的效果，针对 1.1 节介绍的一维传热过程进行仿真验证。

6.1 基于降阶观测器的在线时空建模方法

在确定离线模型后，受工作环境的变化、内部扰动以及其他未知因素的影响，需要实时更新模型的输出。因此，本节提出一种基于降阶观测器的在线时空建模方法。如图 6.1 所示，首先采用基于时空分离的方法，为分布参数系统建立一个离线时空模型。空间基函数的学习采用 LLE 方法，低阶时序模型的建立采用 ELM 方法，详细建模过程不再赘述。在确定离线模型后，为离线时空模型设计一个降阶观测器，并使用在线传感器的实时数据来矫正模型的真实输出。

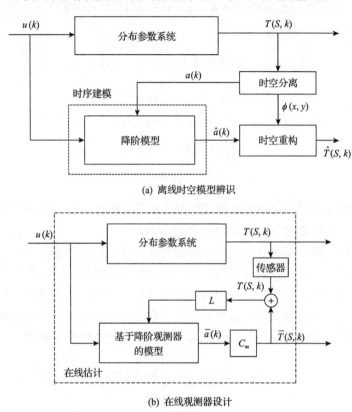

(a) 离线时空模型辨识

(b) 在线观测器设计

图 6.1　离线时空模型辨识以及在线观测器设计

在离线时空模型确定的基础上，本章所提出的降阶观测器如式 (6.1) 与式 (6.2) 所示：

$$\overline{a}(k+1) = K_1 a(k) + K_2 q(k) + L(T(S,k) - \overline{T}(S,k)) \tag{6.1}$$

$$\overline{T}(S,k) = C\,\overline{a}(k) \tag{6.2}$$

式中，$\overline{a}(k) = [\overline{a}_1(k), \cdots, \overline{a}_n(k)]^{\mathrm{T}}$ 为降阶观测器的输出；$T(S,k)$ 为在线传感器的实时输出数据；$\overline{T}(S,k)$ 为在线时空模型的预测输出；L 为降阶观测器的增益矩阵，且必须满足 $K_1 - LC$ 是稳定的；C 为空间基函数矩阵。

在观测器设计好后，采用李雅普诺夫稳定性理论来证明观测器的稳定性。定义降阶观测器的估计误差为 $e_k = a(k) - \bar{a}(k)$，时空输出误差为 $e_T = T(S,k) - \bar{T}(S,k)$。对观测器的估计误差进行一些简单的数学变换，如下所示：

$$
\begin{aligned}
e_k &= a(k) - \bar{a}(k) \\
&= a(k) - (K_1 \bar{a}(k-1) + K_2 q(k-1) + L(T(S,k-1) - \bar{T}(S,k-1))) \\
&= (K_1 - LC)e_{k-1}
\end{aligned} \tag{6.3}
$$

定义矩阵 $A_c = K_1 - LC$，李雅普诺夫函数 $V_k = e_k^{\mathrm{T}} e_k$，可以得到

$$
\begin{aligned}
\Delta V_k &= V_k - V_{k-1} = e_k^{\mathrm{T}} e_k - e_{k-1}^{\mathrm{T}} e_{k-1} \\
&= e_{k-1}^{\mathrm{T}} A_c^{\mathrm{T}} A_c e_{k-1} - e_{k-1}^{\mathrm{T}} e_{k-1} \\
&= e_{k-1}^{\mathrm{T}} (A_c^{\mathrm{T}} A_c - 1) e_{k-1} \\
&= \left(\|A_c\|^2 - 1 \right) \|e_{k-1}\|^2
\end{aligned} \tag{6.4}
$$

根据式(6.4)，要满足李雅普诺夫稳定性理论，即 $\Delta V_k < 0$，只需满足 $\|A_c\| < 1$。此时，在线时空模型时空输出误差 e_T 是收敛的。

由上可知，降阶观测器可以根据模型的估计值与在线传感器实时数据的误差来估计模型的真实输出，但基于降阶观测器的在线时空模型对离线模型的精度要求很高。随着工作环境的变化、内部扰动以及其他未知因素的影响，初始离线模型会发生漂移，此时继续使用这种离线模型会导致模型预测效果越来越差。为了解决这个问题，本章设计一种在线连续学习算法用来更新模型参数。

6.2　在线连续学习算法

本节主要针对离线 ELM 的模型漂移问题，设计一种在线连续学习算法。如图 6.2 所示，新的一批实验数据到来后，可以使用这些数据来更新模型的参数。为了避免重复计算之前的实验数据，需要找出模型 n 与模型 $n-1$ 参数的关系。

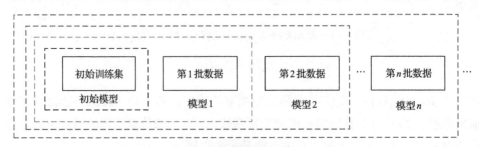

图 6.2　在线连续学习算法

由第 3 章可知，ELM 的模型参数可以通过式(6.4)计算获得：

$$\hat{\theta} = H^{\dagger} A \tag{6.5}$$

式中，$H^{\dagger} = (H^{\mathrm{T}} H)^{-1} H^{\mathrm{T}}$。

定义初始训练数据集 $\aleph_0 = \{u(k), a(k)\}_{k=1}^{N_0}$，根据式(6.5)，初始模型参数可以写成式(6.6)的形式：

$$\hat{\theta}_0 = (H_0^{\mathrm{T}} H_0)^{-1} H_0^{\mathrm{T}} A_0 \tag{6.6}$$

式中，下标 0 表示与初始训练数据集相关的初始向量或者初始矩阵。

假设第 1 批训练数据集为 $\aleph_1 = \{u(k), a(k)\}_{k=N_0+1}^{N_0+N_1}$，使用初始训练数据集与第 1 批训练数据集来训练模型，根据式(6.5)，最终得到的模型参数可以写成式(6.7)的形式：

$$\hat{\theta}_1 = K_1^{-1} \begin{bmatrix} H_0 \\ H_1 \end{bmatrix}^{\mathrm{T}} \begin{bmatrix} A_0 \\ A_1 \end{bmatrix} \tag{6.7}$$

式中

$$K_1 = \begin{bmatrix} H_0 \\ H_1 \end{bmatrix}^{\mathrm{T}} \begin{bmatrix} H_0 \\ H_1 \end{bmatrix} \tag{6.8}$$

为了实现模型参数的在线连续学习，需要把模型参数 $\hat{\theta}_1$ 表示成与 $\hat{\theta}_0$、K_1、H_1 和 A_1 有关的方程，这样可以避免重复计算，节约时间成本。对 K_1 进行简单的数学运算，如式(6.9)所示：

$$
\begin{aligned}
K_1 &= \begin{bmatrix} H_0^{\mathrm{T}} & H_1^{\mathrm{T}} \end{bmatrix} \begin{bmatrix} H_0 \\ H_1 \end{bmatrix} \\
&= K_0 + H_1^{\mathrm{T}} H_1
\end{aligned} \tag{6.9}
$$

式中，$K_0 = H_0^{\mathrm{T}} H_0$。

模型参数 $\hat{\theta}_1$ 如式(6.10)所示：

$$
\begin{aligned}
\hat{\theta}_1 &= K_1^{-1} \begin{bmatrix} H_0 \\ H_1 \end{bmatrix}^{\mathrm{T}} \begin{bmatrix} A_0 \\ A_1 \end{bmatrix} = K_1^{-1} \left(H_0^{\mathrm{T}} A_0 + H_1^{\mathrm{T}} A_1 \right) \\
&= K_1^{-1} \left(K_0 K_0^{-1} H_0^{\mathrm{T}} A_0 + H_1^{\mathrm{T}} A_1 \right) \\
&= K_1^{-1} \left(K_0 \hat{\theta}_0 + H_1^{\mathrm{T}} A_1 \right) \\
&= K_1^{-1} \left((K_1 - H_1^{\mathrm{T}} H_1) \hat{\theta}_0 + H_1^{\mathrm{T}} A_1 \right) \\
&= \hat{\theta}_0 + K_1^{-1} H_1^{\mathrm{T}} (A_1 - H_1 \hat{\theta}_0)
\end{aligned} \tag{6.10}
$$

令 $P_1 = K_1^{-1}$，使用 Woodbury 公式，P_1 可以用式 (6.11) 来表达：

$$
\begin{aligned}
P_1 &= \left(K_0 + H_1^{\mathrm{T}} H_1 \right)^{-1} \\
&= K_0^{-1} - K_0^{-1} H_1^{\mathrm{T}} \left(I + H_1 K_0^{-1} H_1^{\mathrm{T}} \right)^{-1} H_1 K_0^{-1} \\
&= P_0 - P_0 H_1^{\mathrm{T}} \left(I + H_1 P_0 H_1^{\mathrm{T}} \right)^{-1} H_1 P_0
\end{aligned}
\tag{6.11}
$$

对以上公式进行一般化处理，在获得第 $m{+}1$ 批训练数据集 $\aleph_{m+1} = \{u(k),$ $a(k)\}_{k=\left(\sum_{i=0}^{m} N_i\right)+1}^{\sum_{i=0}^{m+1} N_i}$ $(m \geqslant 0)$ 以后，模型参数的更新公式如式 (6.12) 与式 (6.13) 所示：

$$
P_{m+1} = P_m - P_m H_{m+1}^{\mathrm{T}} \left(I + H_{m+1} P_m H_{m+1}^{\mathrm{T}} \right)^{-1} H_{m+1} P_m
\tag{6.12}
$$

$$
\hat{\theta}_{m+1} = \hat{\theta}_m + P_{m+1} H_{m+1}^{\mathrm{T}} \left(a_{m+1} - H_{m+1} \hat{\theta}_m \right)
\tag{6.13}
$$

总结如下：

(1) 从式 (6.12) 和式 (6.13) 可以看出，这种在线连续学习的实现思想与递推最小二乘法相类似。因此，关于递推最小二乘法的收敛性理论都适合于这种在线连续学习算法。

(2) 为了使式 (6.6) 成立，需要使得初始训练数据集的数量不小于 ELM 模型的隐藏层节点数量。

本章提出的基于 ELM 的在线连续学习算法可以总结如下。

首先，确定隐藏层节点的类型、相应的隐藏层激活函数、隐藏层节点个数以及需要采集的数据。这种在线模型包括初始模型以及在线连续更新法则。对于初始模型，需要保证初始训练数据的个数不低于 ELM 模型的隐藏层节点个数，即满足 $\mathrm{rand}(H_0) = L$，L 为隐藏层节点个数。假如隐藏层节点个数为 20，则初始训练数据集的数量不能低于 20。在初始模型确定以后，要求剩余的数据按时间顺序进行分组，并且在线更新过程中按照时间顺序更新模型参数。需要强调的是，在数据分组过程中，每组数据集的个数可以相同，也可以不相同。在某一组数据用完之后，该组数据便不再使用。

本章提出的模型伪代码如下。

(1) 建立初始模型。使用初始训练数据集 $\aleph_0 = \{u(k), a(k)\}_{k=1}^{N_0}$ 来确定模型初始参数。

① 随机产生 ELM 的输入权重和隐藏层阈值。

② 计算初始隐藏层输出矩阵 H_0，其中，

$$H_0 = \begin{bmatrix} a(1) & G(W_1 \cdot z(1) + \eta_1) & \cdots & G(W_L \cdot z(1) + \eta_L) \\ \vdots & \vdots & & \vdots \\ a(N_0 - 1) & G(W_1 \cdot z(N_0 - 1) + \eta_1) & \cdots & G(W_L \cdot z(N_0 - 1) + \eta_L) \end{bmatrix}$$

$$z(k) = \left[a^{\mathrm{T}}(k), u^{\mathrm{T}}(k) \right]^{\mathrm{T}}$$

③ 确定初始输出权重 $\hat{\theta}_0 = P_0 H_0^{\mathrm{T}} A_0$，其中 $P_0 = (H_0^{\mathrm{T}} H_0)^{-1}$。

④ 设定 $m=0$。

(2)在线连续学习。

假设 $m+1$ 组数据集为

$$\aleph_{m+1} = \left\{ u(k), a(k) \right\}_{k = \left(\sum\limits_{i=0}^{m} N_i\right) + 1}^{\sum\limits_{i=0}^{m+1} N_i}$$

式中，N_i 为第 $i(i=0,1,\cdots,m+1)$ 组数据集的个数。

① 计算第 $m+1$ 组数据到来时新的隐藏层输出矩阵 H_{m+1}：

$$H_{m+1} = \begin{bmatrix} a\left(\sum\limits_{i=0}^{m} N_i + 1\right) & G\left(W_1 \cdot z\left(\sum\limits_{i=0}^{m} N_i + 1\right) + \eta_1\right) & \cdots & G\left(W_L \cdot z\left(\sum\limits_{i=0}^{m} N_i + 1\right) + \eta_L\right) \\ \vdots & \vdots & & \vdots \\ a\left(\sum\limits_{i=0}^{m+1} N_i - 1\right) & G\left(W_1 \cdot z\left(\sum\limits_{i=0}^{m+1} N_i - 1\right) + \eta_1\right) & \cdots & G\left(W_L \cdot z\left(\sum\limits_{i=0}^{m+1} N_i - 1\right) + \eta_L\right) \end{bmatrix}$$

② 计算输出权重 $\hat{\theta}_{m+1}$：

$$\hat{\theta}_{m+1} = \hat{\theta}_m + P_{m+1} H_{m+1}^{\mathrm{T}} \left(a_{m+1} - H_{m+1} \hat{\theta}_m \right)$$

$$P_{m+1} = P_m - P_m H_{m+1}^{\mathrm{T}} \left(I + H_{m+1} P_m H_{m+1}^{\mathrm{T}} \right)^{-1} H_{m+1} P_m$$

③ 设置 $m=m+1$，返回步骤②。

6.3　仿 真 研 究

本节采用前面介绍的经典热过程实例，即化学反应棒，来验证本章在线模型的有效性。化学反应棒的结构、输入信号以及相关实验条件与第 2 章、第 3 章完全相同。为了验证本章在线模型的有效性，对第 2 章的实验过程加入一个[0, 0.1]

的过程噪声。实验共采集 1500 组实验数据，其中前 400 组用来建立离线模型，后 1100 组用来测试离线模型以及本章提出在线模型的精度。首先为化学反应棒热过程建立一个离线时空分布模型。

6.3.1　离线时空模型

1. 空间基函数学习

本章采用的基函数学习方法为第 2 章提出的 LLE 方法，其中近邻个数选为 8，空间基函数的阶数为 5。使用前 400 组实验数据计算得到的五阶空间基函数如图 6.3 所示。

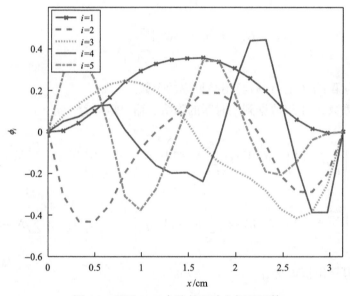

图 6.3　基于 LLE 方法的五阶空间基函数

2. 低阶时序建模

在获得空间基函数以后，将前 500 组高维时空数据投影到空间基函数上便可以获得一系列的低阶时序数据。结合四个加热模块的输入信号，使用 ELM 模型来近似低阶时序数据。模型确定后，使用 1100 组测试数据测试三阶模型的预测效果。其中低阶时序模型的预测输出与真实输出的对比图及其绝对误差分布图如图 6.4 所示。

3. 时空合成

将获得的低阶时序模型与空间基函数进行时空合成，便可以得到整个温度场的时空分布。为了观察离线模型的预测效果，使用 1400 组测试数据对时空模型进行预测，最终模型的预测输出及其 ARE 分布图如图 6.5 所示。

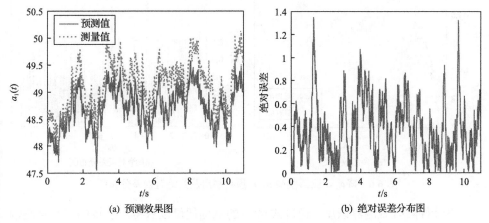

    (a) 预测效果图   (b) 绝对误差分布图

图 6.4　离线低阶时序模型 $a_1(t)$ 的预测效果及其绝对误差分布图

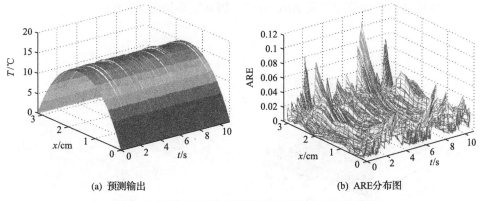

    (a) 预测输出   (b) ARE 分布图

图 6.5　离线时空模型的预测输出及其 ARE 分布图

6.3.2　在线时空模型

  在离线时空模型建立完成以后，建立如式 (6.1) 和式 (6.2) 所示的在线观测器，并设计符合李雅普诺夫稳定性理论的观测器增益 L。初始训练集的数据为 400 组，之后每一批新的训练集数据均为 100 组。在线模型的运算过程中，空间基函数始终保持不变。本章提出的降阶观测器主要根据在线传感器的实时数据对低阶时序输出进行估计，并通过离线确定的空间基函数来重构获得全局的温度场分布。因此，低阶时序输出的估计精度越高，时空模型的精度也就越高。

  通过仿真来比较降阶观测器的预测输出和时序数据的真实输出。仿真对比图如图 6.6 所示。

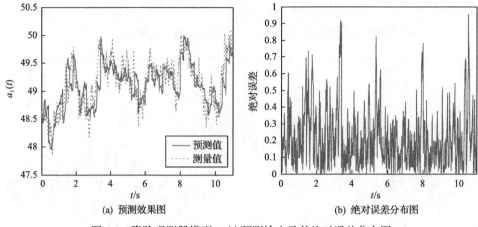

(a) 预测效果图　　　　　　　　　　　　　　(b) 绝对误差分布图

图 6.6　降阶观测器模型 $a_1(t)$ 预测输出及其绝对误差分布图

　　设计好降阶观测器以后，通过式 (6.2) 的重构便可以获得温度场的时空预测输出。为了衡量在线模型对整个空间温度分布的估计性能，同样使用 1100 组测试数据来观察模型的预测输出及其 ARE 分布，仿真结果如图 6.7 所示。

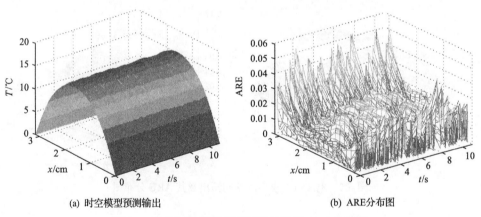

(a) 时空模型预测输出　　　　　　　　　　　(b) ARE分布图

图 6.7　在线时空模型的预测输出及其 ARE 分布图

6.3.3　模型对比

　　本章所提出的在线时空模型是在离线时空模型的基础上设计一个降阶观测器，并且采用在线连续学习算法来更新模型的参数。为了衡量这种在线更新策略的模型效果，6.3.1 节和 6.3.2 节分别对这两种模型在时间尺度和空间尺度的预测效果进行了仿真。为了更清晰地比较两种模型的优劣程度，本节使用误差指标 RMSE、SNAE 和 TNAE 进一步进行仿真对比研究。比较两种模型的 RMSE 指标，分别为 0.0636（在线模型）和 0.1043（离线模型）。为了衡量两种模型在时间方向上的预测差异，使用 SNAE 指标进行仿真对比，仿真结果如图 6.8 所示。为了衡量两种模型空间区域的预测精度，使用 TNAE 指标进行仿真对比，结果如图 6.9 所示。

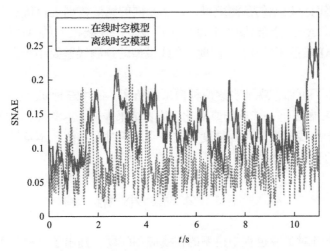

图 6.8　两种模型的 SNAE 指标仿真对比图

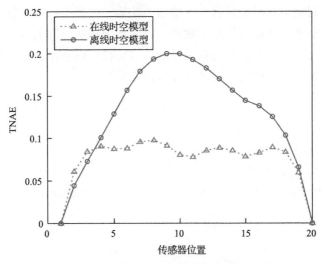

图 6.9　两种模型的 TNAE 指标仿真对比图

从以上化学反应棒的仿真结果及两种模型的误差比较结果可以清晰地看出，本章提出的在线模型具有更高的精度。这两种模型使用的空间基函数相同，主要差别在于低阶时序数据的学习过程。本章提出的在线模型是在离线模型建好的基础上，设计了一种基于李雅普诺夫稳定性理论的降阶观测器，并根据在线传感器的实时温度数据来估计低阶时序系数的真实输出。从图 6.6 与图 6.4 的拟合效果可以看出，在线模型的观测器输出与实验数据的拟合效果相较于离线模型逼近效果要更好。在线模型的拟合绝对误差最大不超过 1，而离线模型的拟合绝对误差最大不超过 1.4。从绝对误差的分布可以更直观地反映出，在线模型预测效果更好。为了比较最终时空模型的预测效果，使用相同的测试数据进行仿真，得到的模型预测输出及其 ARE 分布（图 6.5 和图 6.7）显示，在线模型的 ARE 不超过 0.06，离线模型的 ARE 不超过 0.12。因此，在线模型的预测误差要小于离线模型的预测误差。

最后，为了更加直观地观察两种模型的精度，使用三种误差指标即 RMSE、TNAE、SNAE 做了进一步的仿真对比。仿真结果表明，本章提出的在线模型的预测精度要高于离线模型的预测精度。这表明对于时变系统，本章提出的自适应模型具有很好的自适应能力。

6.4　本章小结

本章主要针对工业过程中模型的在线应用问题，提出了一种基于状态观测器的在线模型。首先使用传感器采集到的温度分布数据建立一个离线时空分布模型，然后为该离线时空分布模型设计一个降阶观测器，并且根据确定好的在线传感器的实时温度数据来估计低阶模型的输出。将其与全局的空间基函数进行重构便可以得到温度场的空间分布。与离线模型的仿真对比可以看出，这种在线模型具有很高的精度，可以更好地应用到时变分布参数系统中。

第 7 章　实验验证及仿真分析

本章主要基于前面几章提出的分布参数系统建模方法，研究它们在锂离子电池温度场分布预测中的应用。

7.1　锂离子电池实验

近年来，电动汽车与混合动力汽车在学术界和工业界都受到广泛关注。由于燃油的短缺与空气污染的加重，汽车行业也正在大力开展电动汽车与混合动力汽车的研究与开发，希望能够替代传统燃油汽车。电动汽车与混合动力汽车最关键的技术莫过于电池技术，而电池技术不仅与电池材料有关，也与电池管理系统有关[29,30]。电池管理系统一般包括硬件和软件两部分，它可以控制电池的充电和放电反应。电池在使用过程中能否工作在其最佳温度区间，这对电池的寿命、安全以及使用效果有着至关重要的影响(图 7.1)。因此，研究电池管理系统对于电动汽车的发展具有重要意义[28]。

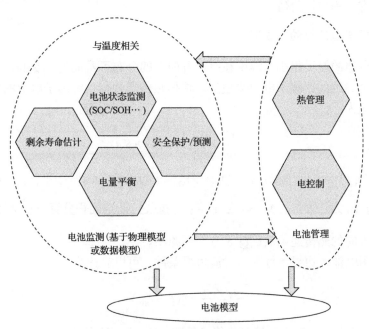

图 7.1　电池管理系统的意义

SOC: state of charge, 电池荷电状态；SOH: state of health, 电池健康度

　　锂离子电池热过程是一个典型的分布参数系统。基于电池的电热特性，研究者提出了很多种热模型[122-130]，主要分为集中参数模型[123-127]和分布参数模型[128-130]。尽管这些模型可以很好地用来分析锂离子电池的热特性，但是它们的计算复杂度太高，所以不适宜在线估计和控制。为了实际应用，需要对原物理模型进行适当的模型递减或者近似。基于这种思想，很多研究者直接对原物理模型进行简化，从而得到一种近似模型[131-133]，但是这类模型没有考虑到随着电池使用时间的增长、工作条件的变化以及一些内部扰动的存在，模型的相关参数会发生变化从而导致模型发生漂移[134-137]。因此，这类模型必须进行在线更新[138-142]。文献[143]提出了一种在线温度估计模型，这种模型只考虑了两个点的温度分布，对于大尺度电池的使用，模型过于简化，大大影响了其有效性。

　　以上这些方法都需要电池的物理模型完全已知。然而，在实际工业过程中，很难获得电池系统的物理特性，因此基于数据的建模方法对这类物理模型很难获得的过程非常有效。近年来，我们对单体电池的研究取得了一些进展，例如，混合物理与数据的一维模型和基于 ELM 的二维热模型都在电池的温度场估计过程中取得了很好的实验效果。这两种模型都是分布参数系统模型，不仅考虑了电池温度场在时间尺度上的动态变化，也考虑了在空间尺度上的温度场分布。如上所述，考虑到电池是一种典型的分布参数系统，并且物理过程很难获得，所以前面提出的几种基于数据的时空建模方法对于电池热过程的应用不仅具有理论研究意义，也具有工程应用价值。

7.1.1　锂离子电池热动态模型

　　通常电池的厚度很小，温度在厚度方向上的分布可看成是不变的，因此本章只考虑一个二维的锂离子电池热模型。根据热传递规律，锂离子电池的二维热模型可以表达为[75]

$$\rho c_p \frac{\partial T}{\partial t} = \nabla^2 (\lambda_S T) + Q(S,t) \tag{7.1}$$

式中，$S=(x, y)$ 为空间坐标；T 为锂离子电池温度分布的时空变量；ρ 为锂离子电池的密度；c_p 为热容量；$\nabla^2 = \frac{\partial}{\partial x^2} + \frac{\partial}{\partial y^2}$ 为拉普拉斯空间积分算子；λ_S 为锂离子电池不同方向的热传递系数；$Q(S, t)$ 为热源项。

　　锂离子电池的边界条件为热对流边界条件，可以表达为

$$-\lambda_S \frac{\partial T}{\partial S} = h(T - T_{\text{air}}) \tag{7.2}$$

式中，h 为锂离子电池表面的对流传热系数；T_{air} 为环境温度。

　　式(7.1)中的热源项 $Q(S, t)$ 是一个与电池电化学相关的复杂过程。基于电池的

物理过程，Q 有很多不同的数学表达形式。一般的 Q 可以看成与液相电势、固相电势、温度和电流密度有关的一个非线性函数。然而，在实际过程中，这些变量都是不可测量的，式(7.1)中的物理模型很难精确获得。所以，基于数据的时空建模对于锂离子电池管理系统非常重要。下面将介绍本章所用的锂离子电池充放电实验平台以及电池热特性实验过程。

7.1.2　锂离子电池热特性实验

本章实验采用的锂离子电池是从中国深圳某电池生产厂商处采购的 60Ah 磷酸铁锂电池。这种电池使用磷酸铁锂作为正极材料，目前已经成功地应用在电动汽车上，其部分参数如表 7.1 所示。

表 7.1　磷酸铁锂电池的部分参数

参数名称	参数值
标称容量	60Ah
标称电压	3.2V
电池尺寸	13mm×70mm×150mm
充电截止电压	3.65V
放电截止电压	2V
工作温度	−20～55℃
存储温度	−40～60℃

磷酸铁锂电池的外形结构如图 7.2 所示，它是一种软包结构，电池的顶部为电池的正负极耳。正极极耳材料为铝片，负极极耳材料为铜片。电池的内部结构如图 7.3 所示，它的内部结构属于层叠式结构，由很多片电池单元层叠而成。本

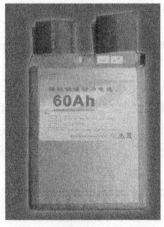

图 7.2　磷酸铁锂电池的外形图　　　　图 7.3　磷酸铁锂电池内部结构图

实验之所以选用这种电池，是因为它倍率性能优异、循环充放电寿命长、一致性好、可实现快速充放电。

为了对电池系统进行充放电实验，并采集相应的温度分布数据，实验室搭建了锂离子电池充放电控制平台，如图 7.4 所示。该实验平台主要包括电池管理系统、电池恒温箱、电池测试柜等。其中最关键的设备是电池测试柜，实验采用的测试柜是某新能源公司开发的 BTS-M300A/60V 型号电池测试柜。该测试柜不仅可以对单体电池进行充放电实验，也可以对电池组进行充放电实验。测试柜支持最大工作电压为 60V，最大放电电流为 200A，电压测量误差为 ±0.05%，电流测量误差为 ±0.05%。通过上位机可以控制测试柜的充放电模式，如恒压、恒流、脉冲、静置、循环等模式，而测试柜测得的实验数据可以通过上位机来导出。

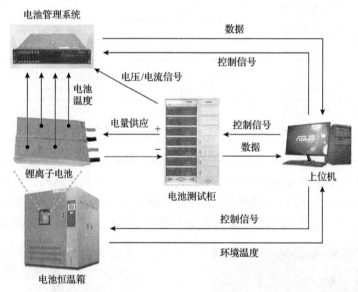

图 7.4　锂离子电池充放电控制平台

由于电池的实际工作环境温度差异较大，为了研究其在极端环境条件下（高温和低温）的电池性能，可以用电池恒温箱来模拟不同的环境温度。用恒温箱进行电池高温实验，还能起到保护实验操作人员的作用。实验采用的恒温箱是某设备生产商提供的 KLTH20 型号高低温湿热交变恒温箱，设备结构如图 7.5 所示。该设备可以模拟的实验温度为 –20～100℃。

图 7.6 为电池恒温箱内部接线图，平头鳄鱼夹的一端连接电池的正负极，另外一端与电池测试柜的充放电导线连接。平头鳄鱼夹的优点是接触内阻很小，可减小实验测试误差。实验过程中电池的四周均用泡沫包裹覆盖，以避免电池温度

分布受到外界环境的影响。

图7.5　电池测试恒温箱设备结构

图7.6　电池恒温箱内部接线图

　　综上所述，利用该实验平台，可以根据实验操作人员的不同需求，使锂离子电池以各种不同的模式进行充放电实验，并且可以模拟电池在不同环境温度下的工作条件。

　　针对本章的研究需求，我们的实验目的是获得电池在循环充放电条件下的电池表面温度分布数据，因此首先需要在电池表面布置温度传感器。如图7.7所示，在电池的整个表面均匀布置了 4×5 个传感器。其中，"×"表示用采集到的数据进行模型辨识，"〇"表示模型验证阶段选取这两个传感器位置的模型效果进行验证。

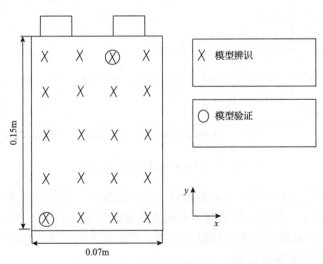

图7.7　电池表面温度传感器布置图

传感器布置好后，为了降低电池与空气之间的热对流，在电池的周围使用泡沫材料进行覆盖，并将每个传感器与电池测试柜中的数据采集装置连接在一起，标定好每个传感器的号码，以防止采集到的数据与对应的传感器位置不匹配。为了充分激励电池循环充放电系统，设计电池的输入电流如图 7.8 所示。其中电流为负时说明电池正在进行充电反应，电流为正时说明电池正在进行放电反应。实验测得的电池端电压如图 7.9 所示。由 7.2 节的分析可知，电池内的热量产生不仅与电流有关，还与端电压有关，因此电池的端电压也作为电池热系统的输入信号。本次循环充放电实验时间为 3600s，采样间隔为 1s，共采集到 3600 组数据，用于离线模型的确定。

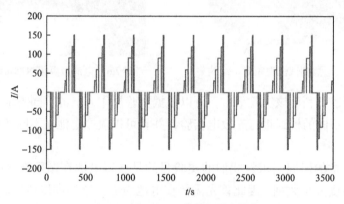

图 7.8　输入电流(模型训练输入)

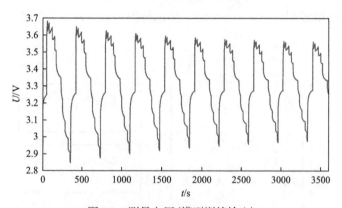

图 7.9　测量电压(模型训练输入)

为了测试模型在不同输入电流条件下的预测效果，另外设计了一组输入电流如图 7.10(a)所示，并使用传感器采集相应的测量电压，如图 7.10(b)所示。20 个传感器的温度数据作为模型测试输出数据。其中实验时间为 1800s，采样间隔为 1s，共获得 1800 组测试数据。

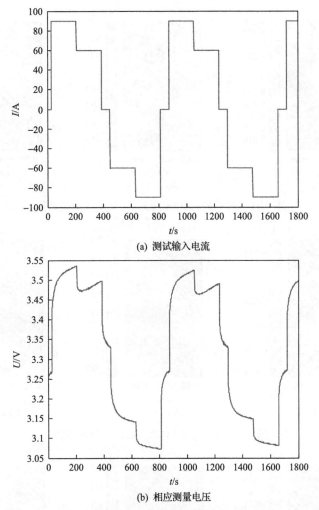

(a) 测试输入电流

(b) 相应测量电压

图 7.10　测试输入电流及其相应的测量电压

7.2　锂离子电池的时空智能建模与仿真分析

本节主要研究第 2 章与第 3 章的空间基函数学习方法在锂离子电池热分布模型中的应用,同时与传统的 Karhunen-Loève 方法进行比较。首先使用采集的 3600 组温度数据,分别采用 Karhunen-Loève 方法、LLE 方法、ISOMAP 方法,通过时空分离来获得相应的空间基函数。其中 LLE 方法的近邻点个数选为 13,ISOMAP 方法的近邻点个数选为 11。三种降维方法学习到的低阶模型阶数均为 3。最终获得的空间基函数如图 7.11~图 7.13 所示。

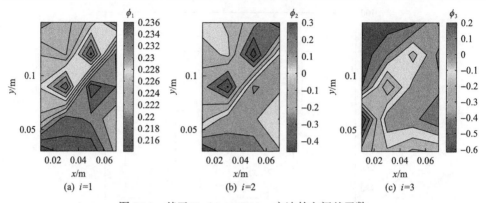

图 7.11　基于 Karhunen-Loève 方法的空间基函数

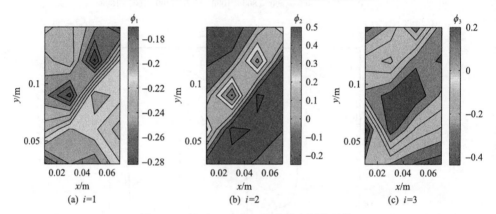

图 7.12　基于 ISOMAP 方法的空间基函数

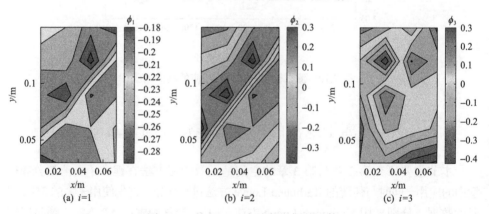

图 7.13　基于 LLE 方法的空间基函数

　　然后将采集的 3600 组时空数据分别投影到三种方法获得的空间基函数，从而得到相应的低阶时序系数。结合输入信号，分别采用传统的时序建模方法来获得各自的低阶时序模型。

为了更好地比较三种方法的模型效果，低阶时序模型均采用神经网络模型。具体方法与第 2 章的低阶建模方法相同，这里不再多加叙述。在三种方法的低阶模型确定好以后，将 1000 组测试时空数据投影到三种空间基函数，从而获得各自的低阶测试数据，并使用此数据来分别验证三种低阶模型在不同输入电流条件下的预测效果。此处只列举了三种方法的第一阶时序模型 $a_1(t)$ 的拟合效果图。模型预测值与实际值的对比如图 7.14 所示。

最后将低阶神经网络模型与各自的空间基函数合成，便可以得到三种时空分布模型，即 KL-NN 模型、LLE-NN 模型和 ISOMAP-NN 模型。接下来选取电池极耳处及边缘处（如图 7.7 圆圈处）的温度动态变化来验证这三种模型的精度。温度的真实动态变化以及三种模型的温度预测绝对误差如图 7.15 和图 7.16 所示。为了衡量时空模型在空间域内的模型效果，选取最后一个采样时间点（1000s），观察模型的输出温度场分布与其 ARE 分布，仿真结果如图 7.17 和图 7.18 所示。

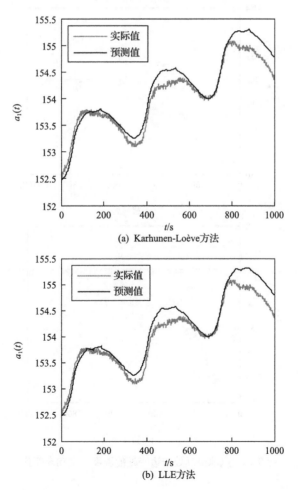

(a) Karhunen-Loève方法

(b) LLE方法

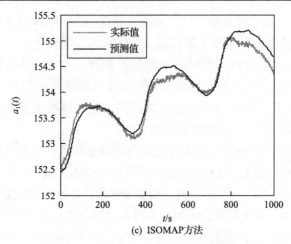

(c) ISOMAP方法

图 7.14　三种方法 $a_1(t)$ 的模型预测效果

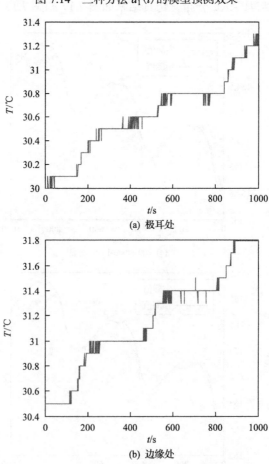

(a) 极耳处

(b) 边缘处

图 7.15　电池极耳处与边缘处的温度真实动态变化

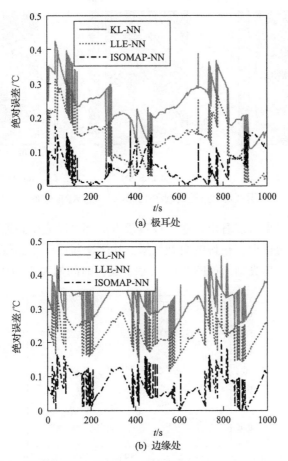

(a) 极耳处

(b) 边缘处

图 7.16　三种模型在电池极耳处与边缘处的温度预测绝对误差对比

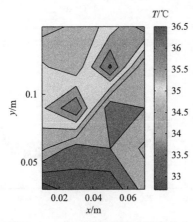

图 7.17　1000s 时刻的真实温度分布

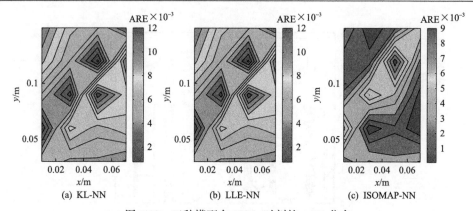

图 7.18　三种模型在 1000s 时刻的 ARE 分布

　　从以上仿真结果可以看出，这三种建模方法都可以应用到锂离子电池的热过程建模中，并且可以取得很好的模型效果。接下来将进一步比较这三种模型的精度以及运算时间，仿真结果如图 7.19 所示，运行时间如表 7.2 所示。

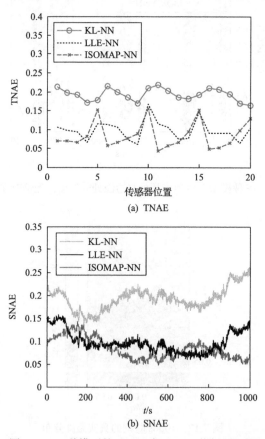

图 7.19　三种模型的 TNAE 与 SNAE 指标对比图

表 7.2　三种模型的 RMSE 与运算时间对比

指标	KL-NN	LLE-NN	ISOMAP-NN
RMSE	0.2036	0.1153	0.1127
t/s	1.2689	4.1315	180.5762

从单体锂离子电池的热实验仿真结果可以看出，KL-NN、LLE-NN、ISOMAP-NN 三种时空模型均具有很好的效果。由图 7.14 可以清晰地看出，三层神经网络模型可以很好地拟合低阶时序系列，并精确地预测低阶模型的动态变化特性。为了衡量三种模型在空间位置点的温度预测效果，选取了电池极耳处与边缘处两点的温度动态变化进行比较，从真实温度分布及其绝对误差分布(图 7.15 和图 7.16)可以看出，三种模型的绝对误差分布均控制在 0.5℃以内，并且三种模型的预测精度为 ISOMAP-NN＞LLE-NN＞KL-NN。同时为了衡量模型在空间尺度上的预测效果，选取 1000s 时刻模型的温度分布进行比较，由真实温度分布及三种模型的 ARE 分布(图 7.17 和图 7.18)可知，KL-NN 与 LLE-NN 模型在 1000s 时刻的 ARE 分布均限制在 1.2%以内，这相当于实际温度在 36℃左右时，模型预测温度误差不超过 0.5℃；ISOMAP-NN 模型的 ARE 分布不超过 0.9%，比前面两种模型的最大 ARE 要小。因此，这三种模型均具有很高的精度。

为了深度比较三种模型的优劣，本节侧重对模型的运算时间与模型的精度进行进一步比较。

在降维过程中，ISOMAP 方法使用两两测地线距离来表征全局非线性特征，着眼于全局，因此从理论上来说，对于非线性流形结构复杂的系统，ISOMAP 方法的模型精度应该比 LLE 方法的模型精度更高。由图 7.19 与表 7.2 的仿真结果可以看出，ISOMAP 方法与 LLE 方法相比，具有微弱的优势，但是这两种方法的模型效果均明显优于 KL 方法。由第 3 章的仿真分析可知，LLE 方法侧重于局部的线性特性，保留了线性方法的一些特征，如运算速度快。通过表 7.2 的运算时间对比可以看出，LLE-NN 模型的运算速度是 ISOMAP-NN 模型的四十几倍，在运算速度方面具有明显的优势。因此，LLE 方法比 ISOMAP 方法更加适合基于模型的在线应用。

综上所述，三种建模方法均具有很高的模型精度。其中 ISOMAP 具有最高的模型精度，但是这种方法为了能够更好地描述高维数据的非线性结构，使得降维过程过于复杂，大大降低了运算速度。KL 方法虽然具有最快的运算速度，但是对于强非线性系统，这种线性降维方法在降维过程中很容易遗失原系统的一些非线性特征。LLE 方法则是在模型精度与运算速度之间进行了均衡。在保证模型精度的条件下，尽量使降维运算时间变短。因此，综合这三种方法，基于 LLE 的建模方法更加有效。

7.3　基于双重非线性结构的锂离子电池热动态时空建模

本节主要研究第 4 章与第 5 章的时空建模方法在锂离子电池热分布模型中的应用，同时与传统的 KL-LS-SVM 方法进行比较。仿真过程主要侧重基于 Dual ELM 的时空模型。

本节使用的电池尺寸及结构简图如图 7.20 所示。实验设备和条件与 7.1.2 节的电池实验完全相同。首先为此电池实验设计合适的输入信号，如图 7.21 所示，它是由一系列不同频率的正弦信号组成的。相应的测量电压如图 7.22 所示。同样，电流与电压信号用于模型辨识的输入信号。共有 15×20 个传感器沿电池的 x 和 y 方向均匀布置，仿真时间为 300s，共采集 300 组温度数据。其中 60s、180s、240s、300s 时刻采集的温度分布如图 7.23 所示。采用 LLE 方法获得的五阶空间基函数如图 7.24 所示。

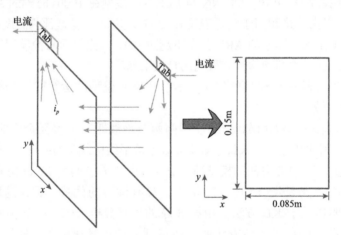

图 7.20　单体电池尺寸及其结构简图

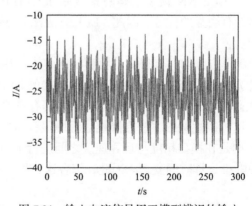

图 7.21　输入电流信号用于模型辨识的输入

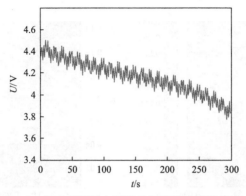

图 7.22　相应的测量电压信号用于模型辨识的输入

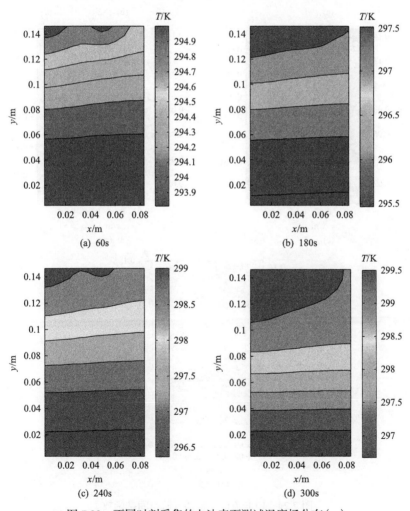

图 7.23　不同时刻采集的电池表面测试温度场分布（一）

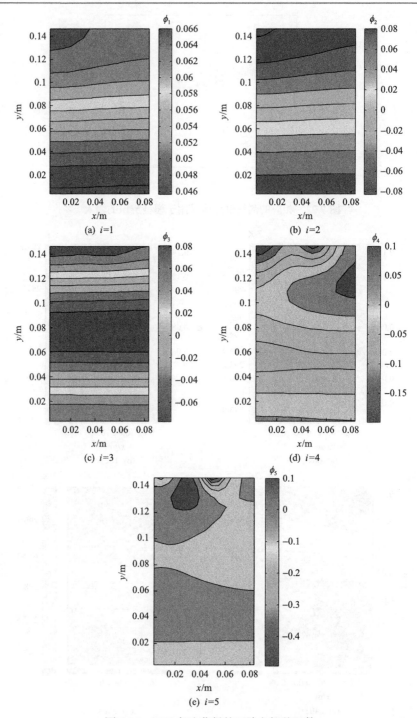

图 7.24　LLE 方法获得的五阶空间基函数

从图 7.25 的模型输出与测量输出的对比可以看出，基于 Dual ELM 的模型训练效果非常好，几乎完全拟合。在低阶时序模型确定后，与通过 LLE 方法得到的五阶空间基函数进行合成，最终得到基于 Dual ELM 的时空模型。基于 Dual LS-SVM 的时空模型和基于 LS-SVM 的时空模型的实验数据与基于 Dual ELM 的

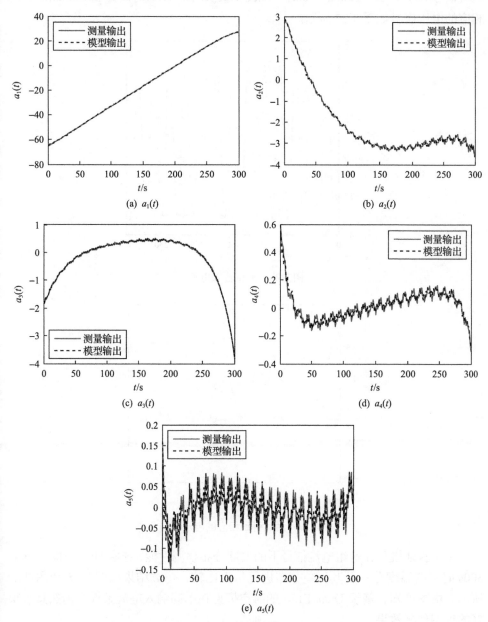

图 7.25   基于 Dual ELM 的模型输出与测量输出对比图

时空模型完全相同，使用的空间基函数也相同。具体的训练过程与训练仿真结果这里不再赘述。

　　为了测试建立的时空模型在不同输入电流条件下的预测效果，重新设计一组电流信号 $I(t) = -25 + 10\sin(t - 0.2)$，如图 7.26 所示。测试时间为 300s。测试得到相应的电压信号如图 7.27 所示。

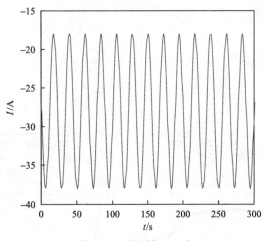

图 7.26　测试输入电流

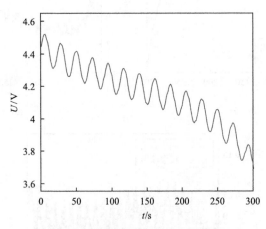

图 7.27　测试得到相应的电压信号

　　为了验证模型在这组电流信号下的温度分布预测性能，选取 60s、180s、240s、300s 时刻的温度分布及其误差分布进行仿真比较，仿真结果如图 7.28 和图 7.29 所示。由图可知，基于 Dual ELM 的时空模型在不同输入电流条件下仍然具有很好的模型预测效果。

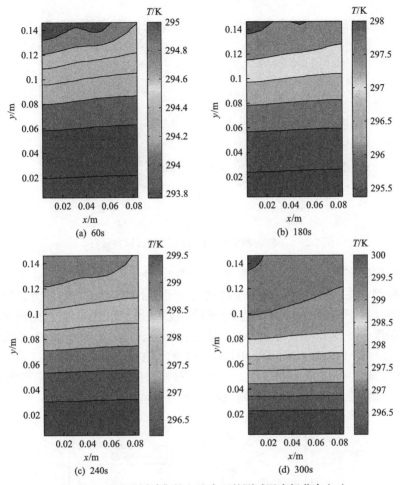

图 7.28　不同时刻采集的电池表面的测试温度场分布(二)

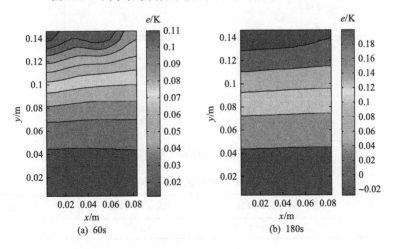

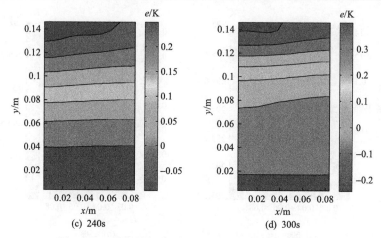

图 7.29　不同时刻电池表面温度场测试误差分布(一)

　　在相同的实验条件下，分别采用 LS-SVM、Dual LS-SVM 方法建立相应的低阶时序模型，并且与通过 LLE 方法得到的空间基函数时空合成，获得各自的时空分布模型。接下来比较这三种模型的预测精度以及运算速度。首先比较三种模型的预测精度，使用 RMSE 与 TNAE 指标进行衡量。其中基于 Dual ELM 的时空模型的 RMSE 为 2.1078，基于 Dual LS-SVM 的时空模型的 RMSE 为 2.1306，基于 LS-SVM 的时空模型的 RMSE 为 2.2957。三种模型的 TNAE 对比结果如图 7.30 所示。然后衡量三种模型的运算时间成本，见表 7.3。

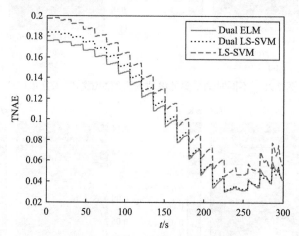

图 7.30　三种模型的 TNAE 指标对比图

表 7.3　三种模型的运算时间对比

方法	Dual ELM	Dual LS-SVM	LS-SVM
t/s	0.0157	5.2987	0.2568

本节研究了第 4 章与第 5 章的时空建模方法在锂离子电池热过程中的应用，仿真过程主要侧重于第 3 章的基于 Dual ELM 的时空模型，并针对模型精度与运算速度比较这两种模型与传统的基于 LS-SVM 的时空模型。仿真结果表明这三种模型都具有很好的预测效果。由图 7.25 可以看出，最终得到的基于 Dual ELM 的时空模型训练效果非常好，模型输出与训练数据几乎完全拟合。在得到时空模型以后，为了验证时空模型在不同输入条件下的温度预测效果，重新设置一组输入电流，并采集相应的温度动态分布数据作为测试，得到 60s、180s、240s、300s 时刻的温度分布以及相应的模型预测输出误差。由图 7.28 和图 7.29 可知，随着时间的延长，模型预测输出误差逐渐变大，这是由于预测过程中累积误差的存在。在 300s 时刻，模型预测输出最大误差不超过 0.4K，基本满足模型的精度要求，具有很好的预测效果。

为了比较三种模型的预测精度以及运算时间，本节做了相应的仿真对比。关于这三种模型的特点，在第 5 章做了相应的理论分析与对比。比较这三种模型在电池热过程中的仿真结果(图 7.30 和表 7.3)可见，最终对比结果与第 3 章在固化热过程中的对比结果基本一致。值得注意的是，这三种模型精度差别不大，基于双非线性结构设计的时空模型与传统的基于 LS-SVM 的时空模型相比，仅具有微弱的优势。这是由于电池工作过程中的温度一般在四五十摄氏度，这种情况下，电池内部温度分布以热传导为主，热对流与热辐射作用效果可以忽略不计。因此，这种系统可以看成只具有一个非线性结构，而对于工业过程中温度较高的系统，本章提出的双重模型结构的时空模型会具有更明显的预测效果。

7.4   基于降阶观测器的锂离子电池热动态在线时空智能建模

本节主要研究第 6 章的在线智能建模方法在锂离子电池中的应用。在线建模方法主要分为四步。

(1)根据离线采集到的温度分布数据，采用传统的基于时空分离的建模方法建立一个离线模型。

(2)为这种离线模型设计一个降阶观测器，并配置好满足稳定性条件的增益矩阵。

(3)针对离线模型的漂移问题，为模型参数设计一个更新法则。当新的数据集到来时，可以更新模型参数。

(4)电池温度分布可以通过降阶观测器的估计输出与离线空间基函数进行合成，来实现温度的实时在线估计。

本节的时空智能建模过程中采用第 6 章的离线时空模型，详细过程不再赘述。在离线时空模型建立完成后，建立如式(6.1)和式(6.2)所示的在线观测器，并设计符合李雅普诺夫稳定性理论的观测器增益 L。在线模型的运算过程中，空间基函数始终保持不变。因此，这种在线时空模型的在线更新主要体现在低阶时序模型上。最终，锂离子电池全局的温度场分布可以通过降阶观测器输出与离线空间基函数的时空合成来获得。

　　使用在线模型对锂离子电池的温度进行预测，选取 60s、180s、240s、300s时刻的温度分布及其误差分布进行仿真比较，仿真结果如图 7.31 和图 7.32 所示。由图可知，在线时空模型在不同输入电流条件下依然具有很好的预测效果。

　　本节所提出的在线时空模型是在离线时空模型的基础上，建立一个降阶观测器，并为模型的参数设计一个更新法则来避免模型产生漂移。为了更好地比较两种模型的优劣程度，本节使用前几章给出的误差指标进行仿真对比研究。首先比较两种模型的 RMSE 指标，分别为 1.4266（在线时空模型）和 2.2567（离线时空模型）。然后衡量两种模型在时间方向上的预测差异，使用 SNAE 指标进行仿真对比，仿真结果如图 7.33 所示。

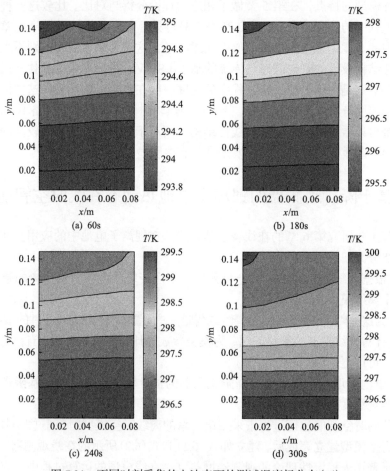

图 7.31　不同时刻采集的电池表面的测试温度场分布(三)

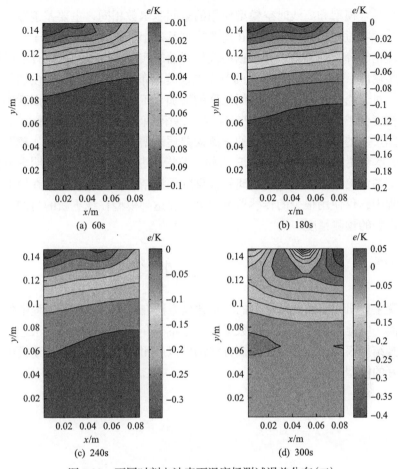

图 7.32　不同时刻电池表面温度场测试误差分布(二)

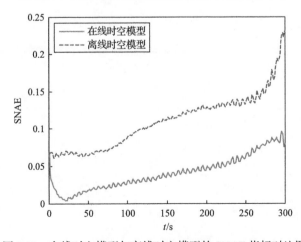

图 7.33　在线时空模型与离线时空模型的 SNAE 指标对比图

在线时空模型和离线时空模型使用的空间基函数相同，主要差别在于低阶时序数据的学习过程。在线模型是在离线模型基础上，设计了一种基于李雅普诺夫稳定性理论的降阶观测器，并根据在线传感器的实时温度数据来估计低阶时序系数的真实输出。从图 7.32 四个时间节点的误差分布可以看出，在线模型具有很高的精度。对于离线模型，随着时间尺度的增加、工作条件以及未知因素的变化，模型的精度会越来越差，累积误差的存在也使得模型的估计误差越来越大。因此，随着时间尺度的增加，离线模型的预测误差逐渐增大。为了更好地比较两种模型的差异，本节使用 RMSE 和 SNAE 两种误差指标进行仿真，结果表明本节使用的在线模型的预测精度要远远高于离线模型的预测精度。这也表明，在模型的在线应用过程中，仅使用很少的传感器数据就可以达到模型在线更新的目的，并且不会牺牲模型的预测精度。

7.5　本 章 小 结

本章主要研究前面几章提出的时空建模方法在锂离子电池热过程中的应用。基于锂离子电池实验平台采集的数据，使用本书介绍的时空建模方法进行一一验证。仿真结果表明，这些智能建模方法都可以应用到工业热过程的建模中，并且具有很好的模型效果。

参 考 文 献

[1] Christofides P D. Control of nonlinear distributed process systems: Recent developments and challenges[J]. AIChE Journal, 2011, 47(3): 514-518.

[2] Aggelogiannaki E, Sarimveis H. Nonlinear model predictive control for distributed parameter systems using data driven artificial neural network models[J]. Computers & Chemical Engineering, 2008, 32(6): 1225-1237.

[3] Zhu H Y, Wu H N, Wang J W. H_∞ disturbance attenuation for nonlinear coupled parabolic PDE-ODE systems via fuzzy-model-based control approach[J]. IEEE Transactions on Systems Man & Cybernetics Systems, 2016, 47(8): 1814-1825.

[4] 蒋勉. 时空耦合系统降维新方法及其在铝合金板带轧制过程建模中的应用[D]. 长沙: 中南大学, 2012.

[5] Li H X, Qi C K. Modeling of distributed parameter systems for applications—A synthesized review from time-space separation[J]. Journal of Process Control, 2010, 20(8): 891-901.

[6] Li H X, Qi C K. Spatio-Temporal Modeling of Nonlinear Distributed Parameter Systems[M]. New York: Springer, 2011.

[7] Banerjee S, Cole J V, Jensen K F. Nonlinear model reduction strategies for rapid thermal processing systems[J]. IEEE Transactions on Semiconductor Manufacturing, 1996, 11(2): 266-275.

[8] Li H X, Guan S. Hybrid intelligent control strategy. Supervising a DCS-controlled batch process[J]. Control Systems IEEE, 2001, 21(3): 36-48.

[9] Balachandar S. Turbulence, Coherent Structures, Dynamical Systems and Symmetry[M]. Cambridge: Cambridge University Press, 1998.

[10] Li H X, Liu J, Chen C P, et al. A simple model-based approach for fluid dispensing analysis and control[J]. IEEE/ASME Transactions on Mechatronics, 2007, 12(4): 491-503.

[11] Hong Y P, Li H X. Comparative study of fluid dispensing modeling[J]. IEEE Transactions on Electronics Packaging Manufacturing, 2004, 26(4): 273-280.

[12] Christofides P D, Daoutidis P. Nonlinear control of diffusion-convection-reaction processes[J]. Computers & Chemical Engineering, 1996, 20(2): 133-156.

[13] Boubaker O, Babary J P. On SISO and MIMO variable structure control of nonlinear distributed parameter systems: Application to fixed bed reactors[J]. Journal of Process Control, 2003, 13(8): 729-737.

[14] Dufour P, Touré Y. Multivariable model predictive control of a catalytic reverse flow reactor[J]. IEEE Transactions on Control Systems Technology, 2004, 28(11): 2259-2270.

[15] Fleming A J, Moheimani S O R. Spatial system identification of a simply supported beam and a trapezoidal cantilever plate[J]. IEEE Transactions on Control Systems Technology, 2003, 11(5): 726-736.

[16] Halim D, Moheimani S O R. Spatial resonant control of flexible structures-application to a piezoelectric laminate beam[J]. IEEE Transactions on Control Systems Technology, 2001, 9(1): 37-53.

[17] Demetriou M A. Integrated actuator-sensor placement and hybrid controller design of flexible structures under worst case spatiotemporal disturbance variations[J]. Journal of Intelligent Material Systems & Structures, 2004, 15(12): 901-921.

[18] Adomaitis R A. A reduced-basis discretization method for chemical vapor deposition reactor simulation[J]. Mathematical & Computer Modelling, 2003, 38(1): 159-175.

[19] Adomaitis R A. RTCVD model reduction: A collocation on empirical eigenfunctions approach[R]. College Park: University of Maryland, 1995.

[20] Wang M L, Li H X, Chen X, et al. Deep learning-based model reduction for distributed parameter systems[J]. IEEE Transactions on Systems Man & Cybernetics Systems, 2016, 46(12): 1664-1674.

[21] Deng H, Jiang M, Huang C Q. New spatial basis functions for the model reduction of nonlinear distributed parameter systems[J]. Journal of Process Control, 2012, 22(2): 404-411.

[22] Dochain D, Dumont G, Gorinevsky D, et al. Special issue on "control of industrial spatially distributed processes"[J]. IEEE Transactions on Control Systems Technology, 2003, 11(5): 609-611.

[23] Christofides P D. Special volume on control of distributed parameter systems[J]. Computers & Chemical Engineering, 2002, 26(7): 939-940.

[24] Christofides P D. Special issue on control of complex process systems[J]. International Journal of Robust & Nonlinear Control, 2004, 14(2): 87-88.

[25] Christofides P D, Armaou A. Control of multiscale and distributed process systems[J]. Computers & Chemical Engineering, 2005, 29(4): 687-688.

[26] Christofides P D, Chow J. Nonlinear and Robust Control of PDE Systems: Methods and Applications to Transport-Reaction Processes[M]. Boston: Birkhäuser, 2002.

[27] Deng H, Li H X, Chen G. Spectral-approximation-based intelligent modeling for distributed thermal processes[J]. IEEE Transactions on Control Systems Technology, 2005, 13(5): 686-700.

[28] Rahimi-Eichi H, Ojha U, Baronti F, et al. Battery management system: An overview of its application in the smart grid and electric vehicles[J]. IEEE Industrial Electronics Magazine, 2013, 7(2): 4-16.

[29] Lu L, Han X, Li J, et al. A review on the key issues for lithium-ion battery management in electric vehicles[J]. Journal of Power Sources, 2013, 226(3): 272-288.

[30] Bandhauer T M, Garimella S, Fuller T F. A critical review of thermal issues in lithium-ion batteries[J]. Journal of the Electrochemical Society, 2011, 158(3): R1-R25.

[31] Xiao T F, Li H X. Eigenspectrum-based iterative learning control for a class of distributed parameter system[J]. IEEE Transactions on Automatic Control, 2017, 62(2): 824-836.

[32] Wu H N, Li H X. A Galerkin/neural-network-based design of guaranteed cost control for nonlinear distributed parameter systems[J]. IEEE Transactions on Neural Networks, 2008, 19(5): 795-807.

[33] Wu H N, Li H X. Finite-dimensional constrained fuzzy control for a class of nonlinear distributed process systems[J]. IEEE Transactions on Cybernetics, 2007, 37(5): 1422-1430.

[34] Zill D G, Cullen M R. Differential Equations with Boundary-Value Problems[M]. Beijing: China Machine Press, 2003.

[35] Fletcher C A J. Computational Galerkin Methods[M]. New York: Springer, 1984.

[36] Ray W H. Advanced Process Control[M]. New York: Butterworths, 1981.

[37] Lefèvre L, Dochain D, Azevedo S F D, et al. Optimal selection of orthogonal polynomials applied to the integration of chemical reactor equations by collocation methods[J]. Computers & Chemical Engineering, 2000, 24(12): 2571-2588.

[38] Dochain D, Babary J P, Tali-Maamar N. Modelling and adaptive control of nonlinear distributed parameter bioreactors via orthogonal collocation[J]. Automatica, 1992, 28(5): 873-883.

[39] Temam R. Infinite-Dimensional Dynamical Systems in Mechanics and Physics[M]. New York: Springer, 1997.

[40] Foias C, Jolly M S, Kevrekidis I G, et al. On the computation of inertial manifolds[J]. Physics Letters A, 1988, 131(7): 433-436.

[41] Shvartsman S Y, Kevrekidis I G. Nonlinear model reduction for control of distributed systems: A computer-assisted study[J]. AIChE Journal, 1998, 44(7): 1579-1595.

[42] Christofides P D, Daoutidis P. Finite-dimensional control of parabolic PDE systems using approximate inertial manifolds[J]. Journal of Mathematical Analysis & Applications, 1997, 216(2): 398-420.

[43] Foias C, Temam R. Algebraic approximation of attractors: The finite dimensional case[J]. Physica D: Nonlinear Phenomena, 1988, 32(2): 163-182.

[44] Mitchell A R, Griffiths D F. The Finite Difference Method in Partial Differential Equations[M]. Chichester: Wiley, 1980: S76-S78.

[45] Guo L, Billings S A. State-space reconstruction and spatio-temporal prediction of lattice dynamical systems[J]. IEEE Transactions on Automatic Control, 2007, 52(4): 622-632.

[46] Lanczos C. Boundary value problems and orthogonal expansions[J]. SIAM Journal on Applied Mathematics, 1966, 14(4): 831-863.

[47] Butkovskiy A G. Green's Functions and Transfer Functions Handbook[M]. Chichester: Ellis Horwood, 1982.

[48] Canuto C. Spectral Methods in Fluid Dynamics[M]. New York: Springer, 1988.

[49] Boyd J P. Chebyshev and Fourier Spectral Methods[M]. New York: Dover Publications, 2001.

[50] Christofides P D. Robust control of parabolic PDE systems[J]. Chemical Engineering Science, 2001, 53(16): 2949-2965.

[51] Christofides P D, Baker J. Robust output feedback control of quasi-linear parabolic PDE systems[J]. Systems & Control Letters, 1999, 36(5): 307-316.

[52] 孙慧娟, 赵小香. 有关雅可比多项式一些性质的研究[J]. 四川理工学院学报(自然科学版), 2009, 22(6): 37-41.

[53] Jiang M, Li X, Wu J, et al. A precision on-line model for the prediction of thermal crown in hot rolling processes[J]. International Journal of Heat & Mass Transfer, 2014, 78: 967-973.

[54] Jiang M, Deng H. Optimal combination of spatial basis functions for the model reduction of nonlinear distributed parameter systems[J]. Communications in Nonlinear Science & Numerical Simulation, 2012, 17(12): 5240-5248.

[55] Coca D, Billings S A. Identification of finite dimensional models of infinite dimensional dynamical systems[J]. Automatica, 2002, 38(11): 1851-1865.

[56] Park H M, Cho D H. The use of the Karhunen-Loève decomposition for the modeling of distributed parameter systems[J]. Chemical Engineering Science, 1996, 51(1): 81-98.

[57] Hu J, Zhang H. Numerical methods of Karhunen-Loève expansion for spatial data[J]. Economic Quality Control, 2015, 30(1): 49-58.

[58] Atwell J A, King B B. Proper orthogonal decomposition for reduced basis feedback controllers for parabolic equations[M]. Amsterdam: Elsevier, 2001.

[59] Sirovich L. Turbulence and the dynamics of coherent structures. I—Coherent structures. II—Symmetries and transformations. III—Dynamics and scaling[J]. Quarterly of Applied Mathematics, 1987, 45(3): 561-571.

[60] Newman A J. Model reduction via the Karhunen-Loève expansion Part I: An exposition[D]. College Park: University of Maryland, 1996.

[61] Montaseri G, Yazdanpanah M J. Predictive control of uncertain nonlinear parabolic PDE systems using a Galerkin/neural-network-based model[J]. Communications in Nonlinear Science & Numerical Simulation, 2012, 17(1): 388-404.

[62] Qi C K, Li H X. Hybrid Karhunen-Loève/neural modelling for a class of distributed parameter systems[J]. International Journal of Intelligent Systems Technologies and Applications, 2008, 4(1/2): 141-160.

[63] Qi C K, Li H X. A LS-SVM modeling approach for nonlinear distributed parameter processes[C]. Proceedings of the 7th World Congress on Intelligent Control and Automation, Chongqing, 2008: 569-574.

[64] Wang M L, Li N, Li S Y, et al. Embedded interval type-2 T-S fuzzy time/space separation modeling approach for nonlinear distributed parameter system[J]. Industrial & Engineering Chemistry Research, 2011, 50(24): 13954-13961.

[65] Lu X J, Zou W, Huang M H. An adaptive modeling method for time-varying distributed parameter processes with curing process applications[J]. Nonlinear Dynamics, 2015, 82(1-2): 865-876.

[66] Wang M L, Li N, Li S Y. Local modeling approach for spatially distributed system based on interval type-2 T-S fuzzy sets[J]. Industrial & Engineering Chemistry Research, 2010, 49(9): 4352-4359.

[67] Qi C K, Li H X. A time/space separation-based Hammerstein modeling approach for nonlinear distributed parameter processes[J]. Computers & Chemical Engineering, 2009, 33(7): 1247-1260.

[68] 徐运扬, 徐康康. 原子力显微镜中微悬臂梁分布参数系统的 Hammerstein 模型[J]. 控制理论与应用, 2015, 32(3): 304-311.

[69] Qi C K, Li H X. A Karhunen-Loève decomposition-based wiener modeling approach for nonlinear distributed parameter processes[J]. Industrial & Engineering Chemistry Research, 2008, 47(12): 4184-4192.

[70] Qi C K, Li H X, Zhang X, et al. Time/space-separation-based SVM modeling for nonlinear distributed parameter processes[J]. Industrial & Engineering Chemistry Research, 2011, 50(1): 332-341.

[71] Li H X, Qi C K, Yu Y. A spatio-temporal volterra modeling approach for a class of distributed industrial processes[J]. Journal of Process Control, 2009, 19(7): 1126-1142.

[72] 张兴宇, 徐康康, 王鑫. 基于 ELM 的芯片固化炉炉温建模方法[J]. 制造业自动化, 2015, (9): 144-147.

[73] Qi C K, Li H X, Zhang X X, et al. Probabilistic PCA based spatio-temporal multi-modeling for distributed parameter processes[C]. Proceedings of the 30th Chinese Control Conference, Yantai, 2011: 1499-1504.

[74] Liu Z, Li H X. A spatiotemporal estimation method for temperature distribution in lithium-ion batteries[J]. IEEE Transactions on Industrial Informatics, 2014, 10(4): 2300-2307.

[75] Liu Z, Li H X. Extreme learning machine based spatiotemporal modeling of lithium-ion battery thermal dynamics[J]. Journal of Power Sources, 2015, 277: 228-238.

[76] Wang M L, Li H X. Spatiotemporal modeling of internal states distribution for lithium-ion battery[J]. Journal of Power Sources, 2016, 301: 261-270.

[77] Lu X J, Zou W, Huang M H. A novel spatiotemporal LS-SVM method for complex distributed parameter systems with applications to curing thermal process[J]. IEEE Transactions on Industrial Informatics, 2016, 12(3): 1156-1165.

[78] Lu X J, Zou W, Huang M H. Robust spatiotemporal LS-SVM modeling for nonlinear distributed parameter system with disturbance[J]. IEEE Transactions on Industrial Electronics, 2017, 64(10): 8003-8012.

[79] Lu X J, Yin F, Liu C, et al. Online spatiotemporal extreme learning machine for complex time-varying distributed parameter systems[J]. IEEE Transactions on Industrial Informatics, 2017, 13(4): 1753-1762.

[80] Qi C K, Li H X. Nonlinear dimension reduction based neural modeling for distributed parameter processes[J]. Chemical Engineering Science, 2009, 64(19): 4164-4170.

[81] Shuai J, Han X L. Optimal combination of EEFs for the model reduction of nonlinear partial differential equations[J]. Journal of Applied Mathematics, 2013: 704-708.

[82] Jiang M, Deng H. A new model reduction strategy for nonlinear distributed parameter systems[C]. IEEE International Conference on Computer Science and Automation Engineering, New York, 2011: 40-44.

[83] Jiang M, Deng H. Improved empirical eigenfunctions based model reduction for nonlinear distributed parameter systems[J]. Industrial & Engineering Chemistry Research, 2013, 52(2): 934-940.

[84] Roweis S T, Saul L K. Nonlinear dimensionality reduction by locally linear embedding[J]. Science, 2000, 290(5500): 2323-2326.

[85] Belkin M, Niyogi P. Laplacian eigenmaps for dimensionality reduction and data representation[J]. Neural Computation, 2002, 15(6): 1373-1396.

[86] 王秀峰, 卢桂章. 系统建模与辨识[M]. 北京: 电子工业出版社, 2004.

[87] 张德丰. MATLAB 神经网络应用设计[M]. 北京: 机械工业出版社, 2012.

[88] Tenenbaum J B, de Silva V, Langford J C. A global geometric framework for nonlinear dimensionality reduction[J]. Science, 2000, 290(5500): 2319-2323.

[89] van der Maaten L J P, Postma E O, van den Herik H J. Dimensionality reduction: A comparative review[J]. Journal of Machine Learning Research, 2009, 10(1): 1-22.

[90] 王自强, 钱旭, 孔敏. 流形学习算法综述[J]. 计算机工程与应用, 2008, 44(35): 9-12.

[91] Kruskal J B, Wish M. Multidimensional scaling[J]. Methods, 1976, 116: 875-878.

[92] Lafon S, Lee A B. Diffusion maps and coarse-graining: A unified framework for dimensionality reduction, graph partitioning, and data set parameterization[J]. IEEE Transactions on Pattern Analysis and Machine Intelligence, 2006, 28(9): 1393-1403.

[93] Huang G B, Zhou H, Ding X, et al. Extreme learning machine for regression and multiclass classification[J]. IEEE Transactions on Systems Man & Cybernetics Part B: Cybernetics, 2012, 42(2): 513-529.

[94] Huang G B, Zhu Q Y, Siew C K. Extreme learning machine: Theory and applications[J]. Neurocomputing, 2006, 70(1-3): 489-501.

[95] Huang G B, Wang D H, Lan Y. Extreme learning machines: A survey[J]. International Journal of Machine Leaning & Cybernetics, 2011, 2(2): 107-122.

[96] Bartlett P L, Mendelson S. Rademacher and Gaussian complexities: Risk bounds and structural results[C]. International Conference on Computational Learning Theory, Berlin, 2001: 224-240.

[97] Cortes C, Mohri M, Rostamizadeh A. New generalization bounds for learning kernels[C]. International Conference on Machine Learning, Helsinki, 2009: 247-254.

[98] Kakade S M, Sridharan K, Tewari A. On the complexity of linear prediction: Risk bounds, margin bounds, and regularization[C]. Conference on Neural Information Processing Systems, Vancouver, 2008: 793-800.

[99] Kim U S, Shin C B, Kim C S. Modeling for the scale-up of a lithium-ion polymer battery[J]. Journal of Power Sources, 2009, 189(1): 841-846.

[100] Kim Y, Mohan S, Siegel J B, et al. The estimation of temperature distribution in cylindrical battery cells under unknown cooling conditions[J]. IEEE Transactions on Control Systems and Technology, 2014, 22(6): 2277-2286.

[101] Xu K K, Li H X, Yang H D. Local properties embedding based nonlinear spatiotemporal modeling for lithium-ion battery thermal process[J]. IEEE Transactions on Industrial Electronics, 2018, 65(12): 9767-9776.

[102] Chen X, Wei J, Li J, et al. Integrating local and global manifold structures for unsupervised dimensionality reduction[C]. IEEE International Joint Conference on Neural Networks, Beijing, 2014: 2837-2843.

[103] Xu K K, Li H X. ISOMAP based spatiotemporal modeling for lithium-ion battery thermal process[J]. IEEE Transactions on Industrial Informatics, 2018, 14(2): 569-577.

[104] Hoo K A, Zheng D. Low-order control-relevant models for a class of distributed parameter systems[J]. Chemical Engineering Science, 2001, 56(23): 6683-6710.

[105] Lu X J, Liu C, Huang M H. Online probabilistic extreme learning machine for distribution modeling of complex batch forging processes[J]. IEEE Transactions on Industrial Informatics, 2017, 11(6): 1277-1286.

[106] Liang N Y, Huang G B, Saratchandran P, et al. A fast and accurate online sequential learning algorithm for feedforward networks[J]. IEEE Transactions on Neural Networks, 2006, 17(6): 1411-1423.

[107] Hu Y, Yurkovich S, Guezennec Y, et al. A technique for dynamic battery model identification in automotive applications using linear parameter varying structures[J]. Control Engineering Practice, 2009, 17(10): 1190-1201.

[108] Xu K K, Li H X, Yang H D. Dual least squares support vector machines based spatiotemporal modeling for nonlinear distributed thermal processes[J]. Journal of Process Control, 2017, 54: 81-89.

[109] Chapman A J. Fundamentals of Heat Transfer[M]. New York: MacMillan, 1987.

[110] Wang H F, Hu D. Comparison of SVM and LS-SVM for regression[C]. International Conference on Neural Networks and Brain, Beijing, 2005: 279-283.

[111] 桂卫华, 宋海鹰, 阳春华. Hammerstein-Wiener 模型最小二乘向量机辨识及其应用[J]. 控制理论与应用, 2008, 25(3): 393-397.

[112] Vapnik V N. The nature of statistical learning theory[J]. IEEE Transactions on Neural Networks, 1997, 8(6): 1564.

[113] Lu X J, Zhou C, Huang M H, et al. Regularized online sequential extreme learning machine with adaptive regulation factor for time-varying nonlinear system[J]. Neurocomputing, 2016, 174: 617-626.

[114] Yu J, Qin S J. Multiway Gaussian mixture model based multiphase batch process monitoring[J]. Industrial & Engineering Chemistry Research, 2009, 48(18): 8585-8594.

[115] Yu J, Qin S J. Multimode process monitoring with Bayesian inference-based finite Gaussian mixture models[J]. AIChE Journal, 2008, 54(7): 1811-1829.

[116] Faber K, Kowalski B R. Propagation of measurement errors for the validation of predictions obtained by principal component regression and partial least squares[J]. Journal of Chemometrics, 2015, 11(3): 181-238.

[117] Qi C K, Li H X, Li S Y, et al. Probabilistic PCA-based spatiotemporal multimodeling for nonlinear distributed parameter processes[J]. Industrial & Engineering Chemistry Research, 2012, 51(19): 6811-6822.

[118] Alonso A A, Kevrekidis I, Banga J R, et al. Optimal sensor location and reduced order observer design for distributed process systems[J]. Computers & Chemical Engineering, 2002, 10(1): 415-420.

[119] Ucinski D. Optimal sensor location for parameter estimation of distributed processes[J]. International Journal of Control, 2000, 73(13): 1235-1248.

[120] Liu W, Gao W C, Sun Y, et al. Optimal sensor placement for spatial lattice structure based on genetic algorithms[J]. Journal of Sound & Vibration, 2008, 317(1-2): 175-189.

[121] Wouwer A V, Point N. An approach to the selection of optimal sensor locations in distributed parameter systems[J]. Journal of Process Control, 2000, 10(4): 291-300.

[122] 李腾, 林成涛, 陈全世. 锂离子电池热模型研究进展[J]. 电源技术, 2009, 33(10): 927-932.

[123] Hariharan K S. A coupled nonlinear equivalent circuit-thermal model for lithium ion cells[J]. Journal of Power Sources, 2013, 227(222): 171-176.

[124] Fang W, Kwon O J, Wang C. Electrochemical-thermal modeling of automotive Li-ion batteries and experimental validation using a three-electrode cell[J]. International Journal of Energy Research, 2010, 34(2): 107-115.

[125] Wu B, Yufit V, Marinescu M, et al. Coupled thermal-electrochemical modelling of uneven heat generation in lithium-ion battery packs[J]. Journal of Power Sources, 2013, 243(6): 544-554.

[126] Kim U S, Yi J, Shin C B, et al. Modelling the thermal behaviour of a lithium-ion battery during charge[J]. Journal of Power Sources, 2011, 196(11): 5115-5121.

[127] Kumaresan K, Sikha G, White R E. Thermal model for a Li-ion cell[J]. Journal of the Electrochemical Society, 2008, 155(2): A164-A171.

[128] Kwon K H, Shin C B, Kang T H, et al. A two-dimensional modeling of a lithium-polymer battery[J]. Journal of Power Sources, 2006, 163(1): 151-157.

[129] Gerver R E, Meyers J P. Three-dimensional modeling of electrochemical performance and heat generation of lithium-ion batteries in tabbed planar configurations[J]. Quaternary International, 2011, 158(7): A835-A843.

[130] Yi J, Koo B, Shin C B. Three-dimensional modeling of the thermal behavior of a lithium-ion battery module for hybrid electric vehicle applications[J]. Energies, 2014, 7(11): 7586-7601.

[131] Long C, White R E. An efficient electrochemical-thermal model for a lithium-ion cell by using the proper orthogonal decomposition method[J]. Journal of the Electrochemical Society, 2010, 157(11): A1188-A1195.

[132] Muratori M, Canova M, Guezennec Y. A spatially-reduced dynamic model for the thermal characterisation of Li-ion battery cells[J]. International Journal of Vehicle Design, 2012, 58(2-4): 134-158.

[133] Brown D, Landers R G. Control oriented thermal modeling of lithium ion batteries from a first principle model via model reduction by the global Arnoldi algorithm[J]. Journal of the Electrochemical Society, 2012, 159(12): A2043-A2052.

[134] Chaturvedi N A, Klein R, Christensen J, et al. Algorithms for advanced battery-management systems, modeling, estimation, and control challenges for lithium-ion batteries[J]. IEEE Control Systems Magazine, 2010, 30(3): 49-68.

[135] Sitterly M, Wang L Y, Yin G G, et al. Enhanced identification of battery models for real-time battery management[J]. IEEE Transactions on Sustainable Energy, 2011, 2(3): 300-308.

[136] Pattipati B, Sankavaram C, Pattipati K. System identification and estimation framework for pivotal automotive battery management system characteristics[J]. IEEE Transactions on Systems Man & Cybernetics Part C: Applications and Reviews, 2011, 41(6): 869-884.

[137] Gholizadeh M, Salmasi F R. Estimation of state of charge, unknown nonlinearities, and state of health of a lithium-ion battery based on a comprehensive unobservable model[J]. IEEE Transactions on Industrial Electronics, 2013, 61(3): 1335-1344.

[138] Smith K A, Rahn C D, Wang C Y. Control oriented 1D electrochemical model of lithium ion battery[J]. Energy Conversion & Management, 2007, 48(9): 2565-2578.

[139] Klein R, Chaturvedi N A, Christensen J, et al. Electrochemical model based observer design for a lithium-ion battery[J]. IEEE Transactions on Control Systems Technology, 2013, 21(2): 289-301.

[140] Ramadesigan V, Boovaragavan V, Pirkle J C, et al. Efficient reformulation of solid-phase diffusion in physics-based lithium-ion battery models[J]. Journal of the Electrochemical Society, 2010, 157(7): A854-A860.

[141] Northrop P W C, Ramadesigan V, De S, et al. Coordinate transformation, orthogonal collocation, model reformulation and simulation of electrochemical-thermal behavior of lithium-ion battery stacks[J]. British Journal of Pharmacology, 1991, 102(3): 669-674.

[142] Lin X, Perez H E, Siegel J B, et al. Online parameterization of lumped thermal dynamics in cylindrical lithium ion batteries for core temperature estimation and health monitoring[J]. IEEE Transactions on Control Systems Technology, 2013, 21(5): 1745-1755.

[143] Lin H T, Liang T J, Chen S M. Estimation of battery state of health using probabilistic neural network[J]. IEEE Transactions on Industrial Informatics, 2013, 9(2): 679-685.